信息素养文库·高等学校信息技术系列课程规划教材

Visual FoxPro程序设计实验教程

主　编　赵文东　金春霞　俞扬信
副主编　化　莉　张海艳　金圣华
主　审　单启成

 南京大学出版社

内容提要

本书是《Visual FoxPro 程序设计教程》配套的实验教材,与教程互为补充。全书共有 17 个实验项目,每个实验项目包含了实验名称、实验目的与要求、实验准备、实验内容与步骤和思考与练习。实验内容紧紧围绕教材进行安排,并参考了江苏省和全国计算机等级考试的内容,进行有益补充,便于学完参加计算机二级考试。为了便于教师上课,以及学生上机实验,节省准备实验素材时间,我们每个实验都配备了实验需要的相关文件素材。实验素材按实验分目录保存,并用 WinRAR 软件压缩打包,该压缩文件可到淮阴工学院计算机与软件工程学院实验中心网站(http://clab.hyit.edu.cn/)下载。

本书的实验建议软件环境为 Windows 7 操作系统和 Visual FoxPro 6.0 中文专业版。

图书在版编目(CIP)数据

Visual FoxPro 程序设计实验教程 / 赵文东,金春霞,俞扬信主编. —— 南京:南京大学出版社,2016.2(2019.1 重印)
(信息素养文库)
高等学校信息技术系列课程规划教材
ISBN 978-7-305-16412-5

Ⅰ. ①V… Ⅱ. ①赵… ②金… ③俞… Ⅲ. ①关系数据库系统-程序设计-高等学校-教材 Ⅳ.
①TP311.138

中国版本图书馆 CIP 数据核字(2016)第 009934 号

出版发行　南京大学出版社
社　　址　南京市汉口路 22 号　　　邮　编　210093
出 版 人　金鑫荣

丛 书 名　信息素养文库・高等学校信息技术系列课程规划教材
书　　名　Visual FoxPro 程序设计实验教程
主　　编　赵文东　金春霞　俞扬信
责任编辑　陈亚明　王南雁　　　编辑热线　025-83597482

照　　排　南京南琳图文制作有限公司
印　　刷　江苏凤凰通达印刷有限公司
开　　本　787×960　1/16　印张 11　字数 234 千
版　　次　2016 年 2 月第 1 版　2019 年 1 月第 2 次印刷
ISBN 978-7-305-16412-5
定　　价　23.80 元

网　址：http://www.njupco.com
官方微博：http://weibo.com/njupco
官方微信号：njupress
销售咨询热线：(025) 83594756

＊ 版权所有,侵权必究
＊ 凡购买南大版图书,如有印装质量问题,请与所购图书销售部门联系调换

前　言

随着计算机技术和网络技术的快速发展,计算机已经广泛应用到各行各业,高校中各个专业对学生计算机应用能力的要求日趋强烈,社会上对高校毕业生计算机应用能力也提出了更高的要求。在学习了大学计算机基础的前提下,为了进一步掌握使用计算机进行数据管理,淮阴工学院开设了 VFP 程序设计课程。计算机应用能力的培养和提高依赖于大量的上机实验。为了配合 VFP 程序设计课程的实验教学,我们编写了本书。

教育部高等学校计算机基础课程教学指导委员会在《高等学校计算机基础教学发展战略研究报告暨计算机基础课程教学基本要求》一书中明确提出计算机基础教学要不断强调面向应用和重视实践的功能,培养学生利用计算机分析问题、解决问题的意识与能力,提高学生的计算机素质,为将来应用计算机知识与技术解决自己专业实际问题打下基础。如何在大学计算机基础的实践教学中兼顾不同起点学生的学习要求,提高不同水平学生的学习兴趣,培养每个学生发现问题、解决问题的能力,是大学计算机基础实践教学必须面对的问题。

本书的编写就是在这样的背景下完成的,编者全部是长期从事计算机公共基础教学一线的老师,有着丰富的教学经验。在实验内容的选择上,本书力求涵盖教指委的教学基本要求,一共设计了十七个实验项目,为了满足不同层次学生的学习要求,每个实验单元都包含了基础实验项目和拓展实验项目,并采用案例驱动设计思想,设计的每一个实验项目都来源于学生日常的学习和生活,不仅可以有效提高学生的学习兴趣,还可以提高学生解决实际问题的能力。

本书由赵文东、金春霞、俞扬信主编,并负责全书的总体策划、统稿与定稿工作,化莉、张海艳和金圣华任副主编。特别说明,单启成教授对本书进行了审稿,提出了许多宝贵意见,在此表示由衷感谢。各单元编写分工如下:实验一、二、十由张海艳编写,实验三、四、五由俞扬信编写,实验六由金圣华编写,实验七、八、九由金春霞编写,实验十一、十二、十三由赵文东编写,实验十四、十五、十六、十七由化莉编写。

限于作者水平,书中难免有不当之处,敬请读者批评指正。

编　者

2015 年 12 月

目 录

实验一　VFP集成操作环境与项目管理器 ………………………………………………… 1

实验二　变量、函数和表达式 ……………………………………………………………… 11

实验三　数据库与表的创建 ………………………………………………………………… 20

实验四　表的基本操作 ……………………………………………………………………… 32

实验五　表索引的创建与数据库表的扩展属性设置 ……………………………………… 44

实验六　创建查询和视图 …………………………………………………………………… 55

实验七　结构化语言 ………………………………………………………………………… 71

实验八　分支结构 …………………………………………………………………………… 77

实验九　循环结构 …………………………………………………………………………… 82

实验十　表单的基本操作 …………………………………………………………………… 91

实验十一　常用控件的应用（一） ………………………………………………………… 101

实验十二　常用控件的应用（二） ………………………………………………………… 117

实验十三　常用控件的应用（三） ………………………………………………………… 128

实验十四　创建类 …………………………………………………………………………… 139

实验十五　创建报表 ………………………………………………………………………… 144

实验十六　创建菜单和快捷菜单 …………………………………………………………… 158

实验十七　应用系统的开发 ………………………………………………………………… 164

参考文献 ……………………………………………………………………………………… 169

实验一 VFP集成操作环境与项目管理器

一、实验目的与要求

1. 掌握 VFP 的启动与退出，熟悉 VFP 工作环境并掌握如何设置；
2. 掌握 VFP 系统的主窗口、菜单、工具栏、命令窗口、对话框等的应用；
3. 掌握 VFP 项目管理器的建立和使用。

二、实验准备

VFP 启动后，设置 D:\ vfpsy\ sy01 文件夹为默认实验目录。

三、实验内容与步骤

[实验 1.1] 启动 VFP 应用程序
VFP 的启动主要有以下两种方式：
（1）单击任务栏上的"开始"按钮，选择"程序"的下级菜单中的"Microsoft Visual Foxpro 6.0"；
（2）双击桌面上的"🐱"图标，以快捷方式启动。
启动后出现 VFP 的主界面，如图 1.1 所示。

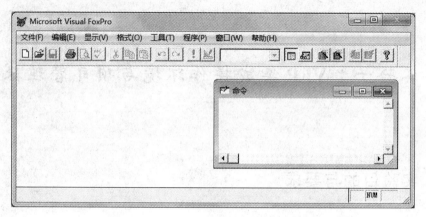

图 1.1　VFP 工作主界面

[实验 1.2]　设置 VFP 的工作环境

设置工作目录

VFP 的默认目录是在安装 VFP 的文件夹下，使用不方便，可根据需要自己建立目录。设置工作目录有如下两种方法：

(1) 在命令窗口输入：Set default to D:\vfpsy\sy01；

(2) 选择"工具"菜单，在其下拉菜单下选择"选项"，打开"选项"对话框，如图 1.2 所示。

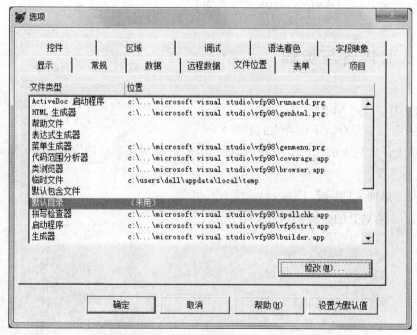

图 1.2　"选项"对话框

实验一　VFP集成操作环境与项目管理器　　　　　　　　　　　　　　　　　　　3

选择"文件位置"选项卡下的"默认目录",单击"修改"按钮,或双击"默认目录",则将打开"更改文件位置"对话框,如图1.3所示。

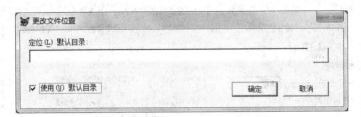

图1.3　"更改文件位置"对话框

选中该对话框上的 ☑ 使用(U) 默认目录 复选框。在"定位默认目录"下的文本框内输入路径:D:\vfpsy\sy01,或者单击文本框右侧的按⋯钮,则打开"选择目录"对话框,如图1.4所示。选中需要设置默认路径的文件夹,单击"选定"按钮。这两种方法任选其一后在"更改文件位置"对话框内单击"确定"按钮,返回到"选项"对话框中,可以单击"确定",也可以单击"设置为默认值"后再单击"确定"。

图1.4　"选择目录"对话框

单击"确定"和单击"设为默认值"后再单击"确定"有什么区别?

[实验1.3]　VFP"选项"对话框中的其他常用设置
（1）区域设置
在"选项"对话框中单击"区域"选项卡,如图1.5所示。

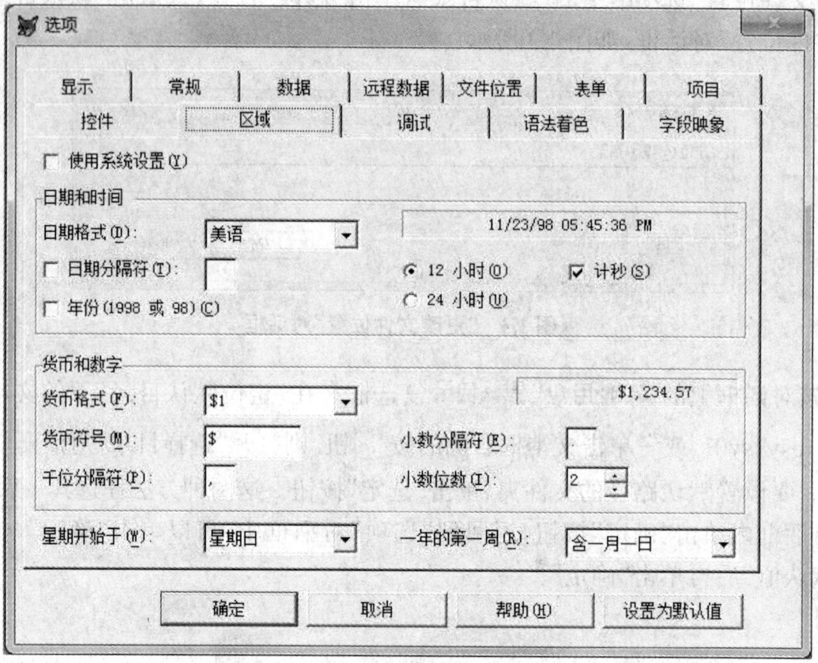

图 1.5 "选项"对话框区域页面

默认的日期格式是美语,即月日年的格式,可在"日期格式"下拉列表框中选择"年月日"选项,即可设置成符合中国人习惯的日期格式。时间的显示方式也可以自主选择。设置好之后单击"确定"按钮,在命令窗口输入如下命令,将所得结果填写到右侧对应横线上。

  ? Date()

将日期格式按照图 1.5 所示设置为美语格式,执行下列命令:

  ? Date()

设置日期格式还可以使用命令方式,在命令窗口输入如下命令,将所得结果填写到右侧对应横线上。

  Set date to ymd

  ? Date()

  Set date to long

  ? Date()

(2) 显示设置

在"选项"对话框中单击"显示"选项卡,如图 1.6 所示。在此选项卡上可设置是否显示"状态栏"、"时钟"等。

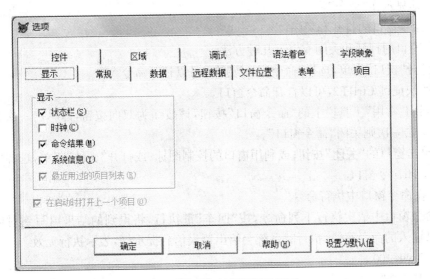

图 1.6 "选项"对话框显示页面

[实验 1.4] VFP 的菜单及工具栏

VFP 的菜单是随着所打开窗口的不同而变化的,请自行尝试打开不同的窗口,观察菜单的变化。

VFP 窗口默认只显示"常用"工具栏,可以按照需要定制。选择"显示"菜单,单击"工具栏"命令项,打开如图 1.7 所示工具栏对话框,单击"常用"工具栏前的复选框,单击"确定"后,常用工具栏将不显示在主窗口上。按照类似方法将常用工具栏再次显示出来。如需其他工具栏,同此操作类似。

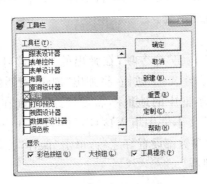

图 1.7 "工具栏"对话框

[实验 1.5] 命令窗口

"命令"窗口是输入和编辑 VFP 系统命令的窗口。当执行菜单命令时,相应的 VFP 命令通常会自动显示在"命令"窗口中。

(1) 命令窗口的打开和关闭

命令窗口的打开和关闭有以下几种方法：

a) 打开"窗口"菜单,选择"命令窗口"选项,可以打开命令窗口。

b) 按快捷键 Ctrl+F2,可以打开命令窗口。

c) 利用"常用"工具栏上的"命令窗口"按钮,该按钮为双向按钮,即单击一次打开命令窗口,再单击一次则关闭"命令窗口"。

d) 单击窗口的"关闭"按钮；或利用窗口的控制图标；或打开"文件"菜单,选择"关闭"选项,可以关闭命令窗口。

(2) 在命令窗口中执行命令

在命令窗口中依次执行下列命令,按"回车"键执行,将得到的结果填写到对应的横线上。如果输入的命令有错,执行时系统会给出错误信息提示框,表示执行无效。

  ? 99+100

  ?"a"+"b"

  ?? 8*9

  DIR D:\ *.DOC

  CLEAR

  MD D:\ HYIT

  RD D:\ HYIT

  DELETE FILE D:\ *.DOC

[实验 1.6] VFP 中项目管理器的使用

项目管理器可以用来创建、修改、组织项目中各种文件,对项目中程序进行编译和连编,形成一个可以运行的应用程序系统。

(1) 新建项目

单击"文件"菜单,选择"新建"命令项,在弹出的"新建"对话框中选择文件类型为"项目",如图 1.8 所示,再单击"新建文件"按钮,将弹出"创建"对话框,如图 1.9 所示。如已经设置默认路径,则"保存在"文本框中的地址不需要修改,否则在此文本框中找到 D:\ vfpsy\ sy01 文件夹。在"项目文件"文本框中填入该项目的名字：hyit,保存类型为"项目(*.pjx)"(此项一般为默认)。此三项参数都设置好之后,单击"保存"按钮,则一个项目就创建好了,弹出如图 1.10 所示项目管理器。

实验一 VFP集成操作环境与项目管理器

图1.8 "新建"对话框

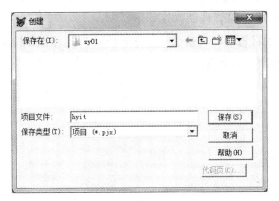

图1.9 "创建"对话框

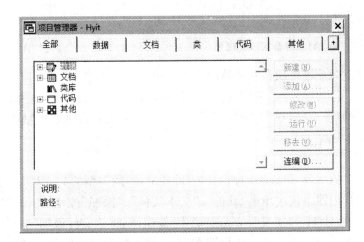

图1.10 项目管理器窗口

也可以直接在命令窗口中输入命令创建项目：CREATE PROJECT HYIT，即可在默认路径下创建一个项目。

(2) 项目文件的打开与关闭

a) 项目文件的打开

对于新建的项目文件，系统自动地将其打开。对于已经存在的项目文件，可以用以下方法打开它：

方法一：执行菜单命令"文件"菜单下的"打开"命令；

方法二：单击"常用"工具栏上的"打开"按钮；

方法三：在命令窗口中输入 MODIFY PROJECT HYIT。

b）项目文件的关闭

若要关闭项目文件，可单击"项目管理器"窗口中的"关闭"按钮。

（3）项目管理器操作

项目管理器可折叠，单击项目管理器中的"其他"选项卡后的中↑，可将项目管理器折叠，如图 1.11 所示。

图 1.11 折叠项目管理器　　　　　　图 1.12 "文档"选项卡

此时可按住鼠标左键将项目管理器的六个选项卡拖拽下来，如图 1.12 所示。单击其窗口上的关闭按钮，可将其还原。按住鼠标左键拖动项目管理器的标题栏，可将其放到常用工具栏上，如需回到原位置，则双击"项目管理器"工具栏的空白处，则恢复原状。

（4）管理项目中的文件

a）添加文件

对于已经存在的文件，可以添加到项目管理器中，不同类型的文件对应添加到不同的选项卡中。在项目管理器中依次单击"其他"、"文本文件"、"添加"按钮，在出现的"添加"对话框中选择 sy01 下的 HYIT.TXT 文件，单击"确定"按钮，则将该文件添加到该项目管理器中。"文本文件"前出现了"+"，表示该项中已存在文件，单击"+"可展开。用同样方法，将 sy01 文件夹中 HYIT.BMP 图片及 myform.scx 表单添加到该项目中的合适位置。

b）删除文件

选中 HYIT.BMP 文件，单击"移去"按钮，则出现如图 1.13 所示提示框，在该提示框内选择"移去"按钮。移去文件是指文件脱离项目的管理，但该文件依然作为磁盘文件存在；删除文件是指从项目中移去后，并从磁盘上删除该文件，且不放入回收站。

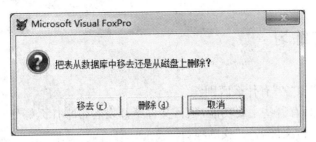

图 1.13　移去或删除提示框

c）文件的其他操作

选中 HYIT.TXT 文件，单击右键，弹出如图 1.14 所示快捷菜单，中"重命名"，将其命名为 VFP.TXT。

选中 VFP.TXT 文件，单击右键，在图 1.14 所示快捷菜单中选中"编辑说明"，则弹出如图 1.15 所示对话框，输入"我的文档"，单击确定。

图 1.14　快捷菜单

图 1.15　"说明"文本框

[实验 1.7]　结束 VFP 运行，主要有以下几种方法。

（1）单击 vfp 主窗口上的关闭按钮 ；

（2）在菜单栏上选择"文件"，在其下拉菜单下选择"退出"；

（3）双击 vfp 标题栏上的控制图标 ；

（4）在命令窗口里输入"quit"（不区分大小写）；

（5）同时按 Alt+F4 键。

四、思考与练习

1. 输出语句"?"和"??"有什么区别?
2. 项目管理器具有哪些主要功能,项目文件给开发者带来什么好处?
3. 建立一个项目,文件名为"我的项目"。
4. 将实验素材下的数据库文件 mydata.dbc 添加到"我的项目"项目管理器中。

实验二 变量、函数和表达式

一、实验目的与要求

1. 掌握常量的表示方法；
2. 掌握变量的赋值和使用；
3. 掌握常用函数的功能及其使用方法；
4. 掌握表达式的格式和使用方法。

二、实验准备

VFP 启动后，设置 D:\vfpsy\sy02 文件夹为默认实验目录。

三、实验内容与步骤

[实验 2.1] 几种常量的表示
（1）数值型常量的表示
在"命令"窗口中输入以下命令，按回车键执行，在 VFP 主窗口中查看该条命令的执行结果，并填入到对应的横线上。

  CLEAR
  ? 1.234567   _____
  ? 0.11e-5   _____
  ? 0.11e+5   _____

表达式 0.11e-5 是科学计数法，该数值即是 0.11×10^{-5}，则表达式 0.11e+5 即是 $0.11 \times 10^{+5}$。

(2) 字符型常量的表示

在"命令"窗口中输入以下命令，按回车键执行，在 VFP 主窗口中查看该条命令的执行结果，并填入到对应的横线上。

CLEAR

? "淮阴工学院"   _____

? '经济管理学院'   _____

? [1101]   _____

? "What's your shool name?"   _____

?? "HYIT"   _____

(3) 逻辑型常量的表示

逻辑型常量"真"的表示形式为.T.、.t.、.Y.、.y.；假的表示形式为.F.、.f.、.N.、.n.（字母前后的定界符注意必须同字母一起书写）。

在"命令"窗口中输入以下命令，按回车键执行，在 VFP 主窗口中查看该条命令的执行结果，并填入到对应的横线上。

Clear

?.T., .t.   _____

?.Y., .y.   _____

?.F., .f.   _____

?.N., .n.   _____

(4) 日期型及日期时间型常量的表示

日期型及日期时间型常量的定界符为花括号{}，年月日之间用"-"、"/"、"."或空格分隔；时、分、秒之间都用":"分隔。VFP6.0 默认的日期输入格式为严格的日期格式，输入时需在大括号里的日期前加"^"，日期的输出格式可以用 SET DATE TO 来设置，是否进行严格的日期检查可以用 SET STRICTDATE TO 0/1/2 设置。如需要输入空日期，可以使用{}、{//}，空日期时间型可用{: :}或{// : :}来表示。

? {2010-09-10}   _____

? {^2010-09-10}   _____

? {//}   _____

? {//::}   _____

Set strictdate to 0

? {2010/09/10}   _____

[实验 2.2]   几种变量的表示

(1) 简单变量的表示和赋值

变量名字的命名规则可参照课本。对变量的赋值可以用"="或"STORE"命令进行，二者

实验二 变量、函数和表达式

不同的是,"STORE"命令可以同时对多个变量赋值,而"="只能对单个变量赋值。

在"命令"窗口中输入以下命令,按回车键执行,在 VFP 主窗口中查看该条命令的执行结果,并填入到对应的横线上。

```
CLEAR
1x=0
x1=0
? x1                                          _____
Csrq={^1990-01-01}
? csrq                                        _____
Dy=.t.
? dy                                          _____
STORE "淮阴工学院"  to  x2,x3
? x2, x3                                      _____
? "我的出生日期为", csrq,"我的学校为", x2
```

(2) 数组变量的声明和使用

在"命令"窗口中输入以下命令,按回车键执行,在 VFP 主窗口中查看该条命令的执行结果,并填入到对应的横线上。

```
CLEAR
DIMENSION   A[4]
? A[1],A[3]                                   _____
A=10
? A[1],A[3]                                   _____
A[1]="HYIT"
A[2]={^2010-09-01}
A[3]=.T.
? A[1],A[2],A[3],A[4]                         _____
? A                                           _____
DISPLAY MEMORY LIKE A                         _____
DIMENSION A[6]
DISPLAY MEMORY LIKE A                         _____
DIMENSION B[3,4]
B="HYIT"
B[1,2]="JSJ"
B[3]="VFP"
```

DISPLAY MEMORY LIKE B

[实验 2.3] 常用函数的使用

在"命令"窗口中输入以下命令,按回车键执行,在 VFP 主窗口中查看该条命令的执行结果,并将结果和该函数的功能填写到横线上。

(1) 数值型函数

  ? INT(152.8)   _____

  ? INT(152.4)   _____

  ? INT(6/4)   _____

  INT( )函数的功能是_____

  ? ROUND(12345.678,2)   _____

  ? ROUND(12345.678,0)   _____

  ? ROUND(12345.678,-1)   _____

  ROUND( )函数的功能是_____

  ? SQRT(16)   _____

  SQRT( )函数的功能是_____

  ? ABS(-45)   _____

  ? ABS(30-90)   _____

  ABS( )函数的功能是_____

  ? MOD(25,8)   _____

  ? MOD(-25,-8)   _____

  ? MOD(25,-8)   _____

  ? MOD(-25,8)   _____

  MOD( )函数的功能是_____

MOD 函数运算规则:当两个参数符号相同时,返回两个参数相除的余数;当两个参数的符号不同时,返回两个参数相除的余数加除数,函数的返回值的符号与第二个参数的符号相同。

  ? MAX(3,8)   _____

  ? MAX("B","F")   _____

  ? MAX("准","阴")   _____

  ? MIN(45-20,50)   _____

  ? RAND( )   _____

  ? RAND( )   _____

  MAX( )、MIN( )、RAND( )函数的功能分别是_____

实验二 变量、函数和表达式

(2) 字符型函数练习
```
CLEAR
? "a"+ALLTRIM("  b  ")+"c"          _____
? "a"+LTRIM("  b  ")+"c"            _____
? "a"+TRIM("  b  ")+"c"             _____
? ALLTRIM("  a  b  ")+"c"           _____
ALLTRIM()函数的功能是_____
? LEN("hyit")                       _____
? LEN(" 淮阴工学院 ")                _____
? LEN(ALLT(" 淮阴工学院 "))          _____
LEN()函数的功能是_____
a="江苏淮阴工学院"
? SUBSTR(a,5)                       _____
? SUBSTR(a,1,4)                     _____
? SUBSTR(a,1,3)                     _____
SUBSTR()函数的功能是_____
? LEFT(a,4)                         _____
? RIGHT(a,6)                        _____
LEFT()、RIGHT()函数的功能分别是_____
? AT("淮",a)                        _____
? AT("h", "hyit")                   _____
? AT("H", "hyit")                   _____
? ATC("H", "hyit")                  _____
? "a"+SPACE(4)+"b"                  _____
AT( )、ATC( )、SPACE( )函数的功能分别是_____
```

(3) 日期型函数
```
? DATE( )                           _____
Set century on
? DATE( )                           _____
Set date to long
? DATE( )                           _____
a={^2010-09-10}
? YEAR(a)                           _____
? MONTH(a)                          _____
```

? DAY(a)
? DOW(a)
? DATETIME( )

(4) 数据类型转换函数

? "我年龄是"+20
? "我年龄是"+STR（20）
? STR（1234.56）
? STR（1234.56,6）
? STR（1234.56,3）
? STR（1234.56,6,1）
? STR（1234.56,6,2）
? STR（98765432112345,14）
? STR（98765432112345）
STR( )函数的功能是＿＿＿＿＿
a="123"
? a+1
? VAL（a)+1
? VAL（"1hyit2345"）
? VAL（"h4321"）
? VAL（"hyit"）
VAL( )函数的功能是＿＿＿＿＿
A={ ^1990-01-01}
? "我的生日是"+A
? "我的生日是"+DTOC(A)
? DTOC(DATE())
? DTOC(DATE(),1)
SET DATETO LONG
? DTOC(DATE())
A="1/1/1990"
? CTOD(A)
DTOC( )、CTOD( )函数的功能分别是＿＿＿＿＿
? ASC("HYIT")
? ASC("H")
? ASC("5")

实验二 变量、函数和表达式

? ASC("淮")

? CHR(72)

? CHR(48052)

ASC( )、CHR( )函数的功能分别是＿＿＿＿＿＿

(5) 其他常用函数的使用

? BETWEEN(5,1,6)

? BETWEEN("C","A","X")

? BETWEEN("工","学","院")

BETWEEN( )函数的功能是＿＿＿＿＿＿

? IIF("工学院"="重点","赚了","都一样")

IIF( )函数的功能是

? TYPE("HYIT")

? TYPE(HYIT)

? TYPE("123")

? TYPE(".T. ")

TYPE( )函数的功能是＿＿＿＿＿＿

[实验 2.4] 表达式

(1) 字符型表达式

? "HYIT   " +"JSJ" +"100"

? "HYIT   " -"JSJ" +"100"

? "H" $"HYIT"

? "h" $"HYIT"

(2) 日期型表达式

? DATE( ) -10

? DATE( ) -365

? DATE( ) +365

? DATE( ) -{^1990-01-01}

? DATE( ) +{^1990-01-01}

(3) 数值型表达式

A=16

? A**2 +A **3 +18

? (SQRT(A)+10)/INT(2.4)

(4) 比较运算

SET COLLATE TO "MACHINE"

```
? "A" >"a", "淮" >"一"
SET COLLATE TO "STROKE"
? "A" >"a", "淮" >"一"
SET COLLATE TO "PINYIN"
? "A">"a","淮">"一"
```

使用"="比较字符串时,系统默认(SET EXACT OFF)为非精确比较,电脑会依序将比较关系符号右边的字符串每个字母挨个与左边字符串对应顺序字母进行比较,如果右边字符串所有字符比较完毕后与左边字符串已比较的对应顺序字符一致,系统则认为两边的字符串是相匹配的。

```
? "HYIT" ="HY"
? "HY" ="HYIT"
? "HY" ="HY   "
```

可以使用 SET EXACT ON 命令设置为精确比较。当是非精确比较时,在较短的一个的右边加上空格,以使它与较长的表达式的长度相匹配,比较到两个表达式中的对应字符不相等或者到达两个表达式的末端,就停止比较了。

```
SET EXACT ON
? "HYIT" ="HY"
? "HY" ="HYIT"
? "HY   " ="HY"
? "HY" ="HY   "
```

(5) 宏运算
```
C =500
D ="C"
STORE "1000" TO &D
? C, D
&D =123
? C, D
```

四、思考与练习

1. 写出下列命令运行后的结果。
   (1) ? 5 *(9-1) ^3
   (2) ? "上海"+"世博   "-"成功"

实验二　变量、函数和表达式

(3) ? INT（3.5+9%4）

(4) ? "世博"$"上海世博"

(5) ? HOUR({^2011/03/14})

2. 建立两个内存变量，变量名分别为 x1,x2,其值分别为 5 400 和"世博会"，分别用 DISPLAY 命令、MEMORY 命令、? 和?? 命令显示出来，再将其保存到 aa 文件中，然后将内存变量全部清除，最后从内存变量文件 aa 中恢复变量 x1 和 x2 并输出它们的值。

3. 分析下列命令中连续两个 SET 命令的作用。

  SET CENTURY ON

  SET DATE TO ANSI

  ? DATE()-{^2004.09.21}

去掉前两个语句后会影响输出结果吗? 在不同机器上运行结果是否相同，为什么?

实验三　数据库与表的创建

一、实验目的与要求

1. 掌握数据库的创建、打开、关闭和删除的方法；
2. 掌握表的创建方法、表记录输入方法；
3. 掌握自由表与数据库之间的转换方法。

二、实验准备

VFP 启动后，设置 D:\ vfpsy\ sy03 文件夹为默认实验目录。

三、实验内容与步骤

[实验 3.1]　数据库的创建

建立数据库的常用方法有三种：在项目管理器中建立数据库、通过"新建"对话框建立数据库、使用命令方式建立数据库。

（1）在项目管理器中建立数据库

a）打开项目管理器"Hyit"（如没有则创建"Hyit"项目管理器），选择"数据"选项卡中的"数据库"。在图 3.1 所示的界面上单击"新建"按钮，弹出"新建数据库"对话框，如图 3.2 所示。

实验三 数据库与表的创建

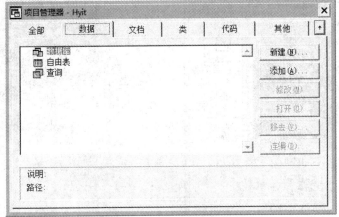

图 3.1 项目管理器界面

图 3.2 "新建数据库"对话框

b) 在出现的"新建数据库"对话框(如图 3.2 所示)中选择"新建数据库"选项。

c) 在随后出现的对话框(如图 3.3 所示)的"数据库名："中输入数据库的名称,即扩展名为 dbc 的文件名。例如,这里输入"stum",在默认目录下建立一个 stum 数据库。

图 3.3 "创建"对话框

d) 单击"保存"按钮后,出现"数据库设计器——stum"窗口。

注意:刚建立好的数据库只是定义了一个空数据库,里面没有数据,也不能输入数据,接着需要建立数据库表和其他数据库对象,然后才能输入数据和实施其他数据库操作。

(2) 通过"新建"对话框建立数据库

a) 单击工具栏上的"新建"按钮或者选择从"文件"菜单中选择"新建"命令,将出现如图 3.4 所示的"新建"对话框。

b) 在"文件类型"选项区域中选择"数据库"选项按钮。

c) 单击"新建文件"命令按钮,建立数据库,后面的操作和步骤与在项目管理器中建立

图 3.4 "新建"对话框

数据库相同。

（3）使用命令方式建立数据库

在命令窗口中输入：Create Database 数据库 1

注意：与前两种建立数据库方法不同的是，使用命令建立数据库后，不出现数据库设计器，但数据库仍处于打开状态。

[实验 3.2]　数据库的打开和关闭

与建立数据库类似，打开数据库的常用方式有以下 3 种。

（1）在项目管理器中打开数据库

在项目管理器中选择相应的数据库时，首先选择"数据"选项卡，然后选择其中的一个数据库，如图 3.5 所示。单击"修改"按钮，则弹出该数据库的数据库设计器。

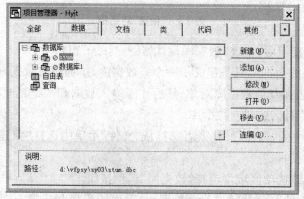

图 3.5　选择数据库

实验三 数据库与表的创建　　　　　　　　　　　　　　　　　　　　　　　　　　23

（2）通过"打开"对话框打开数据库

a）单击工具栏上的"打开"图标" "按钮或者选择"文件"菜单下的"打开"子菜单,将会出现如图3.6所示的对话框。

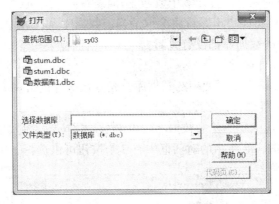

图3.6　打开"数据库"的对话框界面

b）在"文件类型"下拉列表框中选择"数据库(*.dbc)"。例如,选择"stum1"数据库,单击"确定"按钮,则弹出"stum1"数据库设计器,如图3.7所示。

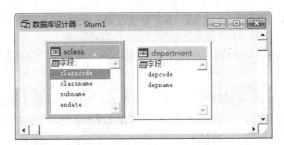

图3.7　"stum1"数据库设计器

直接单击数据库设计器右上角的"关闭"按钮或者双击数据库设计器左上角的图标,关闭数据库。

（3）使用命令方式打开或关闭数据库

使用命令方式打开数据库前,最好将打开的项目管理器关闭。

```
Close DataBase All        && 关闭所有数据库
Open DataBase stum        && 打开数据库 stum
Open DataBase stum1       && 打开数据库 stum 1
Set DataBase to stum      && 设置当前数据库 stum
Set DataBase To           && 当前无数据库打开
```

```
Close DataBase            && 关闭当前数据库 stum
Set DataBase to stum1     && 设置当前数据库 stum1
Close DataBase All        && 关闭所有数据库及数据库中所有的表、索引等对象
```

注意：VFP 在同一时刻可以打开多个数据库，但是在同一时刻只有一个数据库是当前数据库。若只执行 Set Database To，系统将会取消当前数据库，也就是所有打开的数据库都不为当前数据库，但所有的数据库都没有关闭。

[实验 3.3] 数据库的删除

用户随时可以删除一个不再使用的数据库。删除数据库的常用方法有以下两种。

（1）使用项目管理器删除数据库

在项目管理器中，选中要删除的数据库后单击"移去"按钮。例如选择"数据库 1"，单击"移去"按钮，在出现的图 3.8 所示的对话框中有 3 个按钮可供选择。

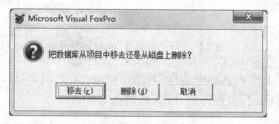

图 3.8　删除数据库提示窗口

a）单击"移去"按钮：从项目管理器中移去数据库，但是并不从磁盘上删除相应的数据库文件。

b）单击"删除"按钮：从项目管理器中移去数据库，并且从磁盘上删除相应的数据库文件。

注意：数据库文件不真正含有数据库表或其他数据对象，只是在数据库文件中登录了相关的信息。除视图外，表查询及数据库对象都是独立存放在磁盘上的文件。因此，无论选择"移去"还是"删除"，除视图外，表和查询等其他对象都不受影响，如果要在删除数据库的同时，删除这些对象，可以使用命令方式删除数据库。

（2）使用命令方式删除数据库

```
Close DataBase All
Open DataBase stum1
Open DataBase stum
Delete DataBase stum      && 删除 stum 数据库
Set DataBase to stum1     && 将 stum1 设置为当前数据库
Close DataBase All
Delete DataBase stum
```

实验三 数据库与表的创建

[实验 3.4] 表的创建

在 VFP 中表分为自由表和数据库表。自由表是为了同以前的版本兼容,而数据库表则增加了数据有效性规则定义等扩展属性。

(1) 自由表的创建

a) 菜单"文件"→"新建",在出现图 3.9 界面中首先单击"表(T)"选项按钮,再选择"新建文件"或"向导"(此处选择"新建文件"),在出现的图 3.10 中输入表名"sscore",单击"保存"按钮后,便会出现自由表 sscore 的表设计器的界面。

图 3.9 "新建"界面

图 3.10 "创建"界面

b) 根据图 3.11 中的内容设计"sscore"表的结构。

注意:Sscore 表有 4 个字段,字段名分别为:Stuno、Ccode、Grade 和 Bz,类型分别为字符型、字符型、数值型和备注型,字段宽度分别为 10、7、5(整数 3 位,小数 1 位)和 4(系统默认)。

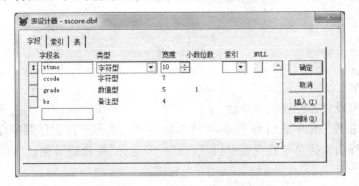

图 3.11 Sscore 自由表表设计器界面

c）单击图3.11中"确定"按钮，弹出对话框，如图3.12所示。单击"是"按钮，即可输入如图3.13所示自由表"sscore"部分记录信息。记录输入完毕，单击"关闭"按钮或用组合健"Ctrl+W"存盘退出，此时完成了"sscore"表的建立与部分数据输入工作。

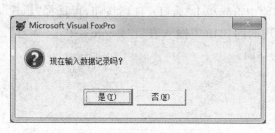

图3.12　记录输入对话框

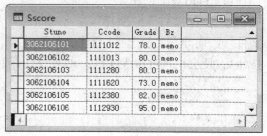

图3.13　sscore表部分数据

d）菜单"显示"→"浏览"，在弹出的图3.13的浏览窗口中选择学号为"3062106101"同学的记录，双击备注型字段标志"memo"，将会出现一个编辑窗口，在编辑窗口中输入备注数据"2007年参加江苏省高等数学建模竞赛获二等奖"。然后按Ctrl+W将输入内容保存到备注文件中，退出编辑窗口，此时字段标志"memo"变为"Memo"，表示该字段添加了内容，如图3.14所示。按Ctrl+Q废弃输入的内容。

图3.14　输入备注数据

（2）数据库表创建

使用数据库设计器创建表的步骤：

a）打开数据库"stum"设计器界面，如图3.15所示。在数据库设计器中任意空白区域单击鼠标右键会弹出快捷菜单或在菜单栏"数据库"中选择"新建表"，便会出现如图3.16所示的对话框。

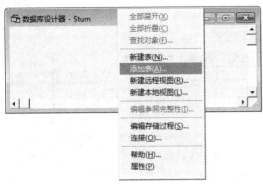

图 3.15　数据库设计器　　　　　图 3.16　新建表的对话框

b) 选择图 3.16 中的"新建表"或"表向导",在出现的对话框中的"输入表名"的编辑框中输入表名:Student

c) 单击"保存"按钮,在出现的表设计器中,根据表 3－1 设计的表结构,输入各字段名、类型、宽度,如图 3.17 所示。单击"确定"按钮,弹出对话框,如图 3.18 所示,单击"是"按钮,即可输入如图 3.19 所示学生记录信息。记录输入完毕,单击"关闭"按钮或用组合健"Ctrl+W"存盘退出,此时完成了 Student 表的建立与部分数据输入工作。

表 3－1　Student 表结构

字段名称	字段类型	字段宽度	小数位数	说明
StuNo	字符型	10		学号
StuName	字符型	8		姓名
Gender	字符型	2		性别
DepCode	字符型	2		部门代号
BirthPlace	字符型	12		籍贯
BirthDate	日期型	8		出生日期
Party	逻辑型			是否党员

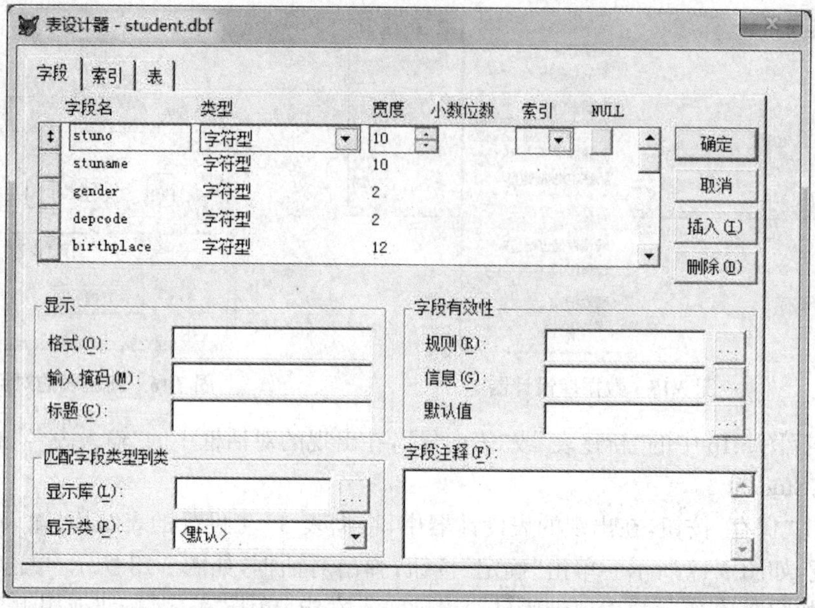

图 3.17 Student 数据库表表设计器界面

图 3.18 记录输入对话框

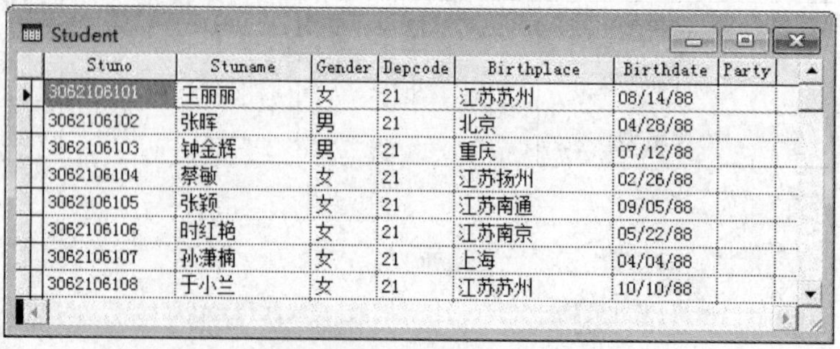

图 3.19 Student 表部分数据

[实验 3.5] 自由表与数据库表之间的相互转换

实验三　数据库与表的创建　　　　　　　　　　　　　　　　　　　　　29

（1）数据库表转换为自由表

a）打开 hyit 项目管理器，在"项目管理器"窗口中，选择 stum 数据库的"Student"表，如图 3.20 所示。

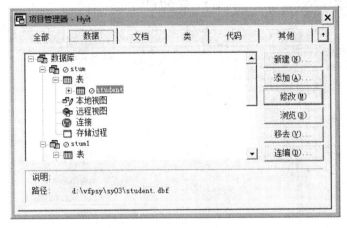

图 3.20　打开后的"项目管理器"窗口

b）单击图 3.20 界面上的"移去"按钮后，将会出现如图 3.21 所示的界面。

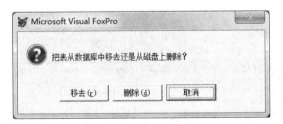

图 3.21　数据库表移出数据库时的确认对话框

c）单击图 3.21 界面上的"移去"按钮后，将会出现如图 3.22 所示的界面。

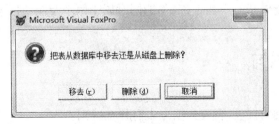

图 3.22　数据库表移出数据库时的确认对话框

(2) 自由表转换为数据库表

打开 Hyit 项目管理器,在"项目管理器"窗口中,选择 stum 数据库下的"表",单击"添加"按钮,出现"打开"对话框,选择 sscore 表文件,如图 3.23 所示。单击对话框中的"确定"按钮。此时可以看到 score 表已显示在 stum 数据库中。

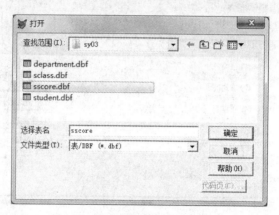

图 3.23 选择"表"的对话框

如果还想将 score 表添加到 stum1 数据库中时,系统将会弹出一个对话框,如图 3.24 所示。

图 3.24 添加表时出错的提示框

注意:一个表只能属于一个数据库,不能同时属于两个及两个以上的数据库。

四、思考与练习

1. Visual FoxPro 中的自由表和数据库表有什么区别?
2. 表有几部分组成?建表的步骤是什么?
3. 上机练习建立数据库和表。

（1）建立真实信息的个人文件夹，文件夹命名的格式为：班级+姓名+学号，如“财管1106张山01”，其中学号是实际学号的后两位，班级、姓名、学号之间没有空格，将此个人文件夹设置为默认目录。

（2）建立自己的数据库，例如某人叫“张山”，他的学号后两位为“01”，则该同学所建立的数据库就是“zhsh01”（“张山01”的缩写）。在“zhsh01”数据库中建立“sclass”（班级）数据库表：班级代号（classcode C(8)）、班级名称（classname C(10)）、专业名称（subname C (20)）和入校日期（Endate　D），并输入如图3.25所示的数据。

Sclass

Classcode	Classname	Subname	Endate
30621062	财管3062	财务管理	09/07/06
30621061	财管3061	财务管理	09/07/06
30621021	国贸3061	国际经济与贸易	09/07/06
30621012	软件3062	软件工程	09/07/06
10641011	计科1061	信息与计算科学	09/07/06
10622022	艺术1062	艺术设计	09/07/06
10622011	设计1061	工业设计	09/07/06
10620031	秘书1061	社会工作	09/07/06
10619011	英语1061	英语	09/07/06

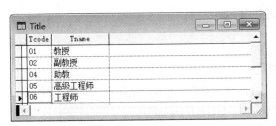

图3.25　班级表浏览窗口

（3）在“zhsh01”数据库中建立“Title”（职称）自由表：职称代码（Tcode　C(2)）、职称名称（Tname　C(10)），并输入如图3.26所示的数据。

Title

Tcode	Tname
01	教授
02	副教授
04	助教
05	高级工程师
06	工程师

图3.26　职称表浏览窗口

实验四　表的基本操作

一、实验目的与要求

1. 掌握表的浏览、打开和关闭的方法；
2. 掌握表结构的修改方法；
3. 表记录的定位、增加、复制、删除和修改的方法。

二、实验准备

VFP 启动后，设置 D:\vfpsy\sy04 文件夹为默认实验目录。

三、实验内容与步骤

[实验 4.1]　表的浏览

表的浏览一般通过执行"显示"菜单中的"浏览"命令或使用 Browse 命令打开浏览窗口，查看全部或指定的记录。

当已打开表或多个表以后，表的浏览可以通过先选中某个已被打开的表，然后执行"显示"菜单中的"浏览"命令。

（1）在项目管理器 hyit 的数据库"stum"中选择要操作的表，如图 4.1 所示。例如选择"Title"表，然后单击"浏览"按钮，将会出现图 4.2 所示的界面。

实验四 表的基本操作

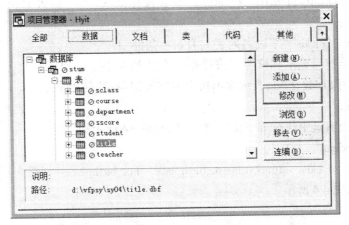

图 4.1 在项目器中打开表

图 4.2 Title 表浏览界面

（2）打开数据库"stum"，在数据库设计器中选择要操作的表，然后从"数据库"菜单中选择"浏览"命令，或者对要操作的表单击鼠标右键，然后从快捷菜单中选择"浏览命令"，如图 4.3 所示。

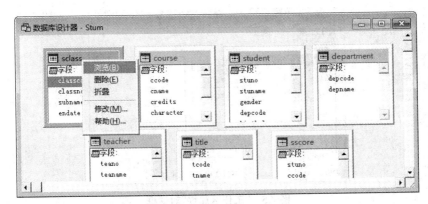

图 4.3 数据库设计器中"浏览"表窗口

（3）在命令窗口中，首先用 Use 命令打开要操作的表，然后输入 Browse 命令来浏览。其语法格式如下：

  Browse [Fields <字段名列表>] [For <条件>]

功能：以浏览窗口显示和修改当前打开的数据表的记录。

说明：若使用 Fields 子句，表示输出指定的字段记录；若使用 For 子句，则输出满足给定条件的所有记录。

例如，在命令窗口中执行如下命令，将会出现图 4.4 所示的界面。

  Use student

  Browse Fields stuno,stuname,birthplace For birthplace="江苏南京"

显示结果如图 4.4 所示。

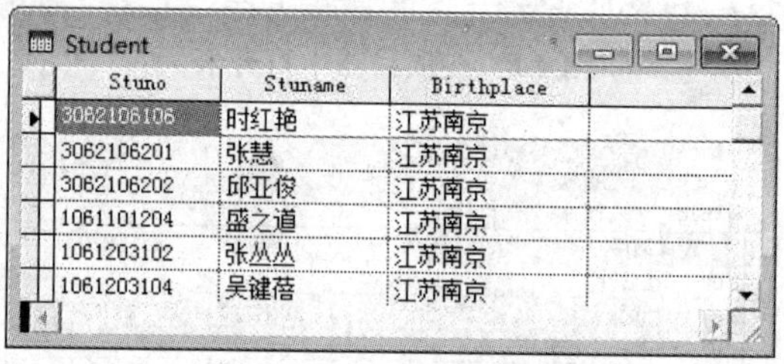

图 4.4 "浏览"显示模式

[实验 4.2] 表的打开与关闭

对表的任何操作必须首先打开该表，可在命令窗口输入命令：USE 表文件名。

按以下步骤实验，执行学生表的打开与关闭操作。

（1）单击"常用"工具栏上的"数据工作期窗口"按钮" "，以打开"数据工作期"窗口，从图 4.5 中可以看出 Student 处于打开状态；

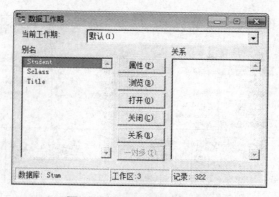

图 4.5 "工作区属性"对话框

（2）在"命令"窗口中依次输入和执行以下命令，每条命令执行后注意观察"数据工作期窗口"中的变化。

  Close Table All　　　　&& 关闭所有打开的表，并将当前工作区设置为 1
  ? Select( )　　　　　　　&& 查看当前工作区号，主窗口屏幕显示 1
  Use Course　　　　　　&& 在当前工作区（区号为 1）中打开 Course 表
  Use Teacher　　　　　　&& 在当前工作区（区号为 1）中打开 Teacher 表，Course
  　　　　　　　　　　　　　表自动关闭
  Use Department Alias Ximing
  　　　　　　　　　　　　&& 在当前工作区（区号为 1）中打开 Department 表且别
  　　　　　　　　　　　　　名是 ximing
  Use Course In 0　　　　&& 在当前未使用的最小工作区（区号 2）中打开
  　　　　　　　　　　　　　Courses 表
  Use Course Again In 0　&& 在当前未使用的最小工作区（区号为 3）中再次打开
  　　　　　　　　　　　　　Course 表
  Use Course Alias Kecheng Again In 0
  　　　　　　　　　　　　&& 在当前未使用的最小工作区（为 4）中再次打开
  　　　　　　　　　　　　　Course 表，别名为 kecheng
  Use　　　　　　　　　　&& 关闭当前工作区 4 中的表 kecheng
  Use In 3　　　　　　　　&& 关闭工作区 3 中的表 kc
  Select B　　　　　　　　&& 选择别名为 b 的工作区（2）作为当前工作区
  Use　　　　　　　　　　&& 关闭当前工作区 2 中的表
  Close Table All　　　　&& 关闭所有打开的表，并将当前工作区设置为 1

（3）利用项目管理器分别浏览 Course 和 Score 表（从"数据工作期"窗口中可以看出 Courses 和 Score 表分别在不同的工作区中自动打开）。

（4）在"数据工作期窗口"中选择表 Teacher，单击该窗口上的"关闭"按钮。

[实验 4.3] 表结构的修改

在命令窗口中执行如下命令：

  Use　Student
  Modify　Structure

在出现的"Student"表设计器的界面中，选中要修改的字段（字段名、类型、宽度），进行相应的操作（如插入、删除等）。

例如，给"Student"表增加如下两字段：

字段名为 Resume(简历)、类型为"备注型"。

字段名为 Photo(照片)、类型为"通用型"。

在确认表结构修改正确后,单击"Student"表设计器的界面中的"确定"按钮,在出现图 4.6 提示框中单击"是"按钮。

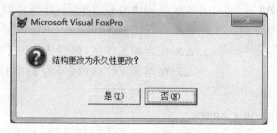

图 4.6 表结构修改提示框

[实验 4.4] 表记录的定位查询

将当前表中的记录输出到屏幕上,使用 LIST 或 DISPLAY 命令。其语法格式如下:

    LIST|DISPLAY [FIELDS <字段名列表>] [FOR <条件>]

说明:若使用 FIELDS 子句,表示输出指定字段的记录;若使用 FOR 子句,则输出满足给定条件的所有记录。它们的区别在于不使用条件时,LIST 默认输出全部记录,而 DISPLAY 则默认输出当前记录。

(1) 用 Go 或 goto 命令直接定位(绝对定位)

在命令窗口中,执行以下命令:

    Use Student   && 打开学生表
    ? Recno()   && 显示 1
    Display   && 显示第一条记录
    Go Top   && 记录指针指向第一条记录,等价 go 1
    ? Recno()   && 显示 1
    Display   && 显示第一条记录
    Go Bottom   && 记录指针指向最后一条记录
    ? Recno()   && 显示当前打开的表含有的最大记录号
    Display   && 显示最后一条记录的具体数据
    Goto 20   && 记录指针指向第 20 条记录
    ? Recno()   && 显示 20
    Display   && 显示第 20 条记录的具体数据

(2) Skip 命令(相对定位)

在命令窗口中,执行以下命令:

    Use Student   && 打开学生表
    ? Recno()   && 显示 1

实验四　表的基本操作

　　　　Skip　2　　　　　　　　&& 显示第一条记录
　　　　? Recno()　　　　　　　&& 显示 3
　　　　Skip　25
　　　　? Recno()
　　　　Skip　-6
　　　　? Recno()

(3) 用 Locate 命令定位(条件定位)

在命令窗口中，执行以下命令：

　　　　Use Teacher
　　　　Locate For gender="女"
　　　　? Found()　　　　　　　&& 判断是否已找到，如存在则显示"、T、"，否则显示"、F、"
　　　　Display
　　　　Continue　　　　　　　&& 继续查找满足条件的记录
　　　　Display
　　　　Locate For Gender="女" And Tcode="02"
　　　　Display
　　　　Continue　　　　　　　&& 继续查找满足条件的记录

[实验 4.5]　表记录的增加

表记录的增加主要有三种方法：浏览窗口操作、使用 Append 命令和使用 Insert-SQL 命令。

(1) 浏览窗口操作

打开图 4.2 浏览器的界面后，打开表"title"，从"表"菜单中选择"追加新记录"命令，这时在浏览尾部会增加一条空白记录，在此空白记录处输入新的记录即可，如图 4.7 所示。在图 4.7 中输入一记录，其值是：13，高级技师。

图 4.7　插入新记录

(2) Append 命令

Append 命令是在表的尾部增加一条或多个新记录。

使用 Append 命令需要立刻交互输入新的记录，如图 4.8 所示，表处于编辑状态。一次可以连续输入多条新的记录，然后关闭窗口结束输入新记录。而 Append Blank 是在表的末尾增加一条空记录，不会出现图 4.8 所示的情况。然后再用 Edit、Change 或 Browse 命令修改空白记录的值，或者利用 Replace 命令直接修改该空白记录值。

在命令窗口执行如下命令，

　　　　Use　Title　　　　　　　&& 打开 title 表
　　　　Append　　　　　　　　&& 在 title 表末尾增加一条空记录，出现图 4.8 所示的界面

　　　　Append Blank　　　　　&& 只在 title 表末尾增加一条空记录，不出现图 4.8 的界面

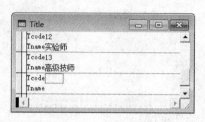

　　　　　　　　　　　　　　图 4.8　输入新记录

　　Copy Structure To Title1　&& 只是将表 Title 的结构复制给 Title1，而 Title 表的记录并
　　　　　　　　　　　　　　　没有复制给 Title1
　　Use Title1
　　List　　　　　　　　　　　&& 显示表 Ttitle1 中的记录
　　List Structure　　　　　　 && 显示 Title1 的表结构
　　Append From Title　　　　 && 将表 Title 中表记录复制到表 Title1 中去
　　List

（3）Insert 命令

Insert 命令可在表的任意位置插入新记录。

在命令窗口中输入命令：

　　Use Title1
　　Goto Top
　　Insert Before　　　　　　&& 在 title1 表的顶部增加新记录
　　Append　　　　　　　　　&& 在 title1 表的尾部增加新记录
　　Goto 8
　　Insert Blank

　　如果不指定 Before，则在当前记录之后插入一条新记录，否则在当前记录之前插入一条新记录。如果不指定 Blank，则直接出现类似图 4.9 的界面，并以交互方式输入记录值，否则在当前记录之后（或之前）插入一条空白记录。

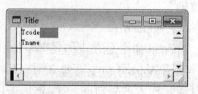

图 4.9　不指定 Blank 直接出现的记录界面

　　注意：如果在表上建立了主索引或候选索引，则不能用 Append 和 Insert 命令输入记录，而应用 Insert-SQL 语句插入记录。

[实验 4.6]　表记录的复制

在命令窗口中依次输入并执行以下命令：

　　　　Close Database All

```
Use Sscore
Copy To Sscore1
Use Title
Copy To Title2 For Tcode="01" Or Tcode ="02"
Use Title2
Browse
Use Teacher
Copy To Teacher1 Fields Teano,Teaname,Gender,Tcode For Tcode ="03"
Use Teacher1
Browse
Use Teacher
Copy To Js2 Fields Teano,Teaname,Gender,Tcode For Tcode ="03" Xls
```

[实验 4.7] 表记录的删除

VFP 的表记录的删除一般分两步。第一步给需要删除的记录设置删除标记(**逻辑删除**);第二步给设有删除标记的记录进行彻底删除(**物理删除**)。

(1) 逻辑删除

设置删除标记主要有三种方法:浏览窗口直接设置、使用 Delete 命令设置和使用 Delete-SQL 命令设置。

a) 浏览窗口中直接设置删除标记

当表处于浏览状态时,可以在浏览窗口中直接设置删除标记,方法如下:

① 在“项目管理器”窗口中选择“Teacher”表,单击“浏览”按钮;

② 分别单击第 1 和 7 条记录,设置删除标记(逐个手工找记录设置),如图 4.10 所示被删除的记录前以“黑色”框标记显示。

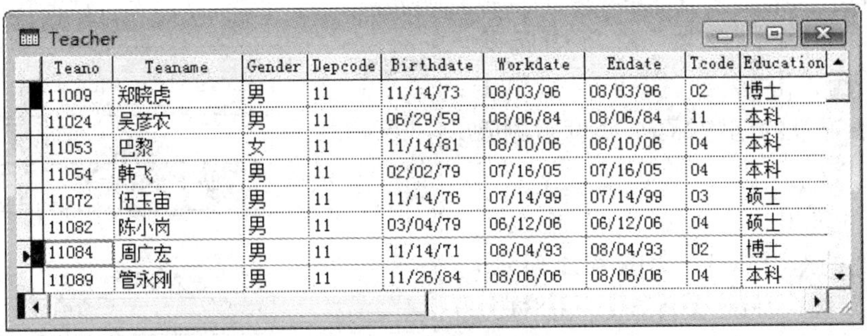

Teacher

Teano	Teaname	Gender	Depcode	Birthdate	Workdate	Endate	Tcode	Education
11009	郑晓虎	男	11	11/14/73	08/03/96	08/03/96	02	博士
11024	吴彦农	男	11	06/29/59	08/06/84	08/06/84	11	本科
11053	巴黎	女	11	11/14/81	08/10/06	08/10/06	04	本科
11054	韩飞	男	11	02/02/79	07/16/05	07/16/05	04	本科
11072	伍玉亩	男	11	11/14/76	07/14/99	07/14/99	03	硕士
11082	陈小岗	男	11	03/04/79	06/12/06	06/12/06	04	硕士
11084	周广宏	男	11	11/14/71	08/04/93	08/04/93	02	博士
11089	管永刚	男	11	11/26/84	08/06/06	08/06/06	04	本科

图 4.10 在浏览窗口中直接设置删除标记

b）利用 Delete 命令设置删除标记

在命令窗口中依次输入并执行以下命令，注意观察每条 Browse 命令执行后浏览窗口中删除标记的设置情况。

  Close Database All
  Use Teacher1
  Go 5
  Delete
  Browse
  Delete For Tcode="03" AND Gender="女"　　&& 职称代码为"03"的女教师
  Browse
  Use

c）利用 Delete-SQL 命令设置删除标记

在命令窗口中依次输入并执行以下命令，注意观察每条 Browse 命令执行后浏览窗口中删除标记的设置情况。

  Close Database All
  Delete From Sscore Where Grade<80
  Browse　　　　　　　　&& 能否看到删除标记？
  Set Deleted On　　　　&& 设置忽略标有删除标记的记录
  Browse　　　　　　　　&& 能否看到删除标记？
  Set Deleted Off　　　　&& 设置可访问标有删除标记的记录
  Browse　　　　　　　　&& 能否看到删除标记？
  Browse For Delete()　　&& 可看到有删除标记的记录

（2）恢复记录

恢复记录实质上是指取消记录的逻辑删除标记。恢复记录有以下三种操作方式：

a）在"项目管理器"窗口中选择"Teacher"表，单击"浏览"按钮；分别单击第 1 和 7 条记录的删除标记，使设置删除标记取消。

b）执行菜单命令"表"中的"恢复记录"，在出现的对话框中（如图 4.11 所示）设置"作用范围"、"For"条件后，单击"恢复记录"按钮。

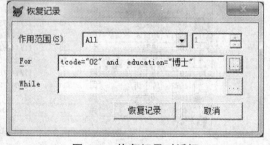

图 4.11　恢复记录对话框

c）在命令窗口中依次输入并执行下列命令，注意观察每条 Browse 命令执行后浏览窗口中删除标记的设置情况。

实验四　表的基本操作

  Close Database All
  Use Sscore
  Browse
  Recall All
  Browse
  Delete All
  Browse
  Recall ForGrade >=60
  Browse
  Recall All

（3）彻底删除

彻底删除表记录是指将记录彻底从表中删除。

  a）在"项目管理器"窗口中选择"Title"表，单击"浏览"按钮；在浏览窗口中为部分记录设置删除标记后，执行菜单命令"表"中的"彻底删除"，在出现的对话框中（图 4.12）中选择"是"按钮后，再浏览"Title"表。

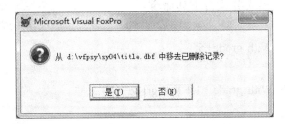

图 4.12　彻底删除记录对话框

  b）在命令窗口中依次输入并执行下列命令，注意观察执行每条 Browse 命令后浏览窗口中删除标记的设置情况。

  Close Database All
  Delete From teacher1 Where Gender ="男"
  Browse
  Pack
  Browse

  c）在命令窗口中依次输入并执行下列命令，注意观察执行每条 Browse 命令后浏览窗口中删除标记的设置情况。

  Close Database All
  Use Sscore1

Browse
  Zap   && 彻底删除 score1 表中的所有记录
  Browse
  Use

[实验 4.8] 表记录的修改

VFP 中记录可以被交互修改,也可以用指定值直接修改。

(1) 选择"Js2"表,单击"浏览"按钮;当 Js2 表处于浏览状态时,将光标定位到任意行的任一列进行直接修改需要修改的记录。

(2) Edit 或 Change 命令交互修改

在命令窗口中依次输入并执行下列命令:

  Use Js2
  Edit

在出现的界面中,可以通过 PgUp 或 PgDn 键定位要修改的记录,然后直接在原有记录上编辑、修改,然后关闭窗口,退出编辑、修改界面。

(3) Replace 命令直接修改

在命令窗口中依次输入并执行下列命令:

  Use Sscore
  Replace grade With grade+5
  Browse
  Replace grade With grade *1.1 For grade <60
  Browse

Replace 命令也可以通过界面的方式操作,步骤如下:

a) 在"项目管理器"窗口中选择"Sscore"表,单击"浏览"按钮;

b) 执行菜单"表"中的子菜单"替换字段",在出现的对话框中输入如图 4.13 所示的替换要求后单击"替换"按钮。

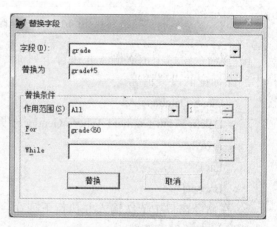

图 4.13 "替换字段"对话框

四、思考与练习

1. 什么是记录号、记录指针、当前记录、文件头、文件尾、首记录、尾记录？
2. 逻辑删除记录和物理删除记录是怎么回事？
3. Visual FoxPro 命令中范围限定的方法有几种？
4. 数据库表和自由表能相互转换吗？怎样实现？
5. 打开 Student(学生表)对其进行操作：

(1) 使用菜单方式，在 Student 表的尾部追加一条记录，记录的数据为自己本人的真实数据，并查看结果；

(2) 写出显示 Student 表中籍贯是"上海"的所有记录的命令；

(3) 将 Student 表中 1990-1-1 以后出生的学生记录复制放到 xs3 表中，xs3 的表结构与 Student 表相同；

(4) 写出逻辑删除 Student 表中重庆男同学的记录并查看结果的命令；

(5) 恢复所有被删除的女同学的记录，并查看结果。

实验五 表索引的创建与数据库表的扩展属性设置

一、实验目的与要求

1. 掌握表索引的创建、使用、删除方法；
2. 掌握数据库表属性的设置方法；
3. 掌握数据库表之间的关系的创建、删除及表之间参照完整性设置方法。

二、实验准备

VFP 启动后，设置 D:\vfpsy\sy05 文件夹为默认实验目录。

三、实验内容与步骤

[实验 5.1] 表索引的创建及使用

索引是由指针构成的文件，这些指针逻辑上按照索引关键字值进行排序。索引分为主索引、候选索引、唯一索引和普通索引四种。

（1）在表设计器中建立索引

a) 在"项目管理器"窗口中选择"Teacher"表，单击"修改"按钮，将会出现 Teacher 表的"表设计器"对话框；

b) 选择"Teacher"表的表设计器的界面上"索引"选项卡，输入如图 5.1 所示四个索引（分别输入索引名、类型和表达式）；

实验五 表索引的创建与数据库表的扩展属性设置

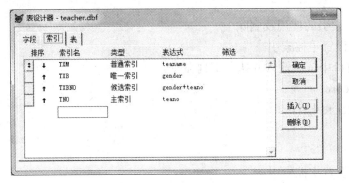

图 5.1 建立索引的界面

c）确认正确，单击"确定"按钮后，再单击图 5.2 所示对话框上的"是"按钮。

图 5.2 确认对话框

注意：在一个表上可以建立多个普通索引、唯一索引和候选索引，但只能建立一个主索引（仅适用于数据库表）。通常，主索引用于确定主关键字字段；候选索引用于不作为主关键字但字段值又必须唯一的字段；普通索引用于一般地提高查询速度；唯一索引用于一些特殊的程序设计。

（2）用 Index 命令建立索引

在 VFP 的命令窗口中依次输入并执行下列命令：

  Close Tables All
  Use Sscore
  Display
  Index Ongrade Tag 排名
  Display
  Use
  Use Student
  Index On Stuno Tag Stuno Candidate && 创建一个候选索引，索引名为 stuno
  Index On Birthplace Tag Jg Unique && 创建一唯一索引，索引名为 jg
  Index On Depcode+Dtoc(Birthdate,1) Tag Depccsrq && 创建普通索引

Use

[实验 5.2] 索引的使用及删除

(1) 用命令设置主控索引

在在命令窗口中依次输入并执行下列命令：

  Use Sscore

  Set order to 排名

  Display

  Use

(2) 用界面设置主控索引

a) 在"项目管理器"窗口选中"Student"表后单击"浏览"命令按钮。

b) 执行菜单命令"表"中的"属性"子菜单，在图 5.3 中的"索引顺序"下拉列表框中选择"Student:Stuno"，然后单击"确定"按钮。

c) 在浏览窗口中查看记录的顺序

d) 执行菜单命令"表"中的"属性"子菜单，在图 5.3 中的"索引顺序"下拉列表框中选择"Student:Jg"，然后单击"确定"按钮。

e) 在浏览窗口中查看记录的顺序

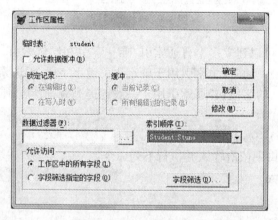

图 5.3 工作区属性对话框

(3) 打开表的同时设置主控索引

在命令窗口中依次输入并执行下列命令：

  Use Student

  Display

  Set Order To 2

  Display

实验五 表索引的创建与数据库表的扩展属性设置

　　　　Use
　　　　Use Student Order Tag Jg
　　　　Display
　　　　Set Order To
　　　　Display
　　　　Use

(4) 使用 Seek 命令快速定位

在命令窗口中依次输入并执行下列命令：

　　　　Use Student Order Tag Stuno
　　　　Set Exact Off
　　　　Seek "3062106105"
　　　　Display Fields Stuno, Stuname
　　　　Use

(5) 索引的删除

在命令窗口中依次输入并执行下列命令：

　　　　Use Teacher Order Tag jg
　　　　Display
　　　　Delete Tag jg
　　　　Display
　　　　Use

说明：如果某个索引不再使用，则可以删除它。可以在"表设计器"中删除它，也可以用命令来删除它。

[实验 5.3] 数据库表属性的设置

(1) 利用表设计器设置数据表的字段属性

a) 在"项目管理器"窗口中选择"Teacher"表，单击"修改"按钮，将会出现 Teachers 表的"表设计器"对话框；

b) 在出现"Teacher"表的"表设计器"的对话框中，逐个地选择字段，设置有关属性，设置要求如表 5-1 所示（例如，设置 gender 字段时如图 5.4 所示）。

表 5-1　Teacher 表的字段属性设置

字段名	格式	输入掩码	标题	规则	信息	默认值	注释
TeaNo		99999	工号				主关键字
TeaName	A		姓名				

(续表)

字段名	格式	输入掩码	标题	规则	信息	默认值	注释
Gender	T		性别	Gender$"男女"	"性别为男或女"	"女"	
DepCode	T	99	部门代码				
BirthDate			出生日期				
WorkDate			工作日期			Date()	
EnDate			进校时间				
TCode	T		职称代码				
Education	T		学历				

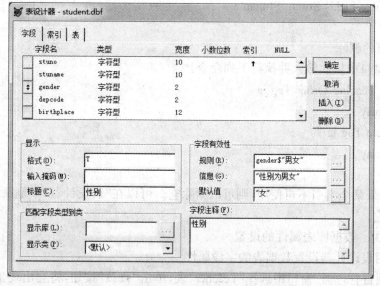

图 5.4 Teacher 表的 Gender 字段属性的设置

c) 设置结束时,关闭"表设计器"对话框。

如果在字段有效性规则中输入的表达式不正确,则出现如图 5.5 所示的对话框。对于已有数据的表,如果设置验证规则,则需要注意已有数据是否均满足所设置的验证规则。如果已有数据不满足验证规则,则在关闭"表设计器"时,将出现图 5.6 所示的对话框中的复选框取消。

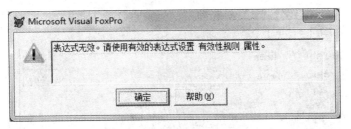

图 5.5　错误提示对话框

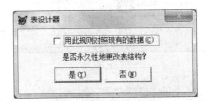

图 5.6　"表设计器"对话框

d）在"项目管理器"窗口中单击"浏览"按钮，浏览窗口中的字段名将会以标题显示。

e）修改第 1 条记录的"性别"字段的值，将"男"改为"人"后移动光标到其他字段或记录，因违反字段规则而出现图 5.7 的信息提示框，单击"还原"按钮。

图 5.7　违反字段规则的信息提示框

注意："规则"即字段有效规则，用来指定该字段的值必须满足的条件，为逻辑表达式；"信息"即违背字段有效性规则时的提示信息，为字符表达式；"默认值"即字段的默认值，可以减少数据输入的工作量，类型以字段的类型来确定。

（2）利用表设计器设置数据库表的长表名、记录有效性规则、触发器和表注释

a）在"项目管理器"窗口中选择"Teacher"表，单击"修改"按钮，将会出现 Teacher 表的"表设计器"对话框；

b）在出现"Teacher"表的"表设计器"的对话框中，选择"表"选项卡，在图 5.8 的"表设计器"对话框中进行设置（规则为：year(WorkDate)-year(BirthDate)>=18）。

c）设置结束时，关闭"表设计器"对话框。如果在字段有效性规则中输入的表达式不正

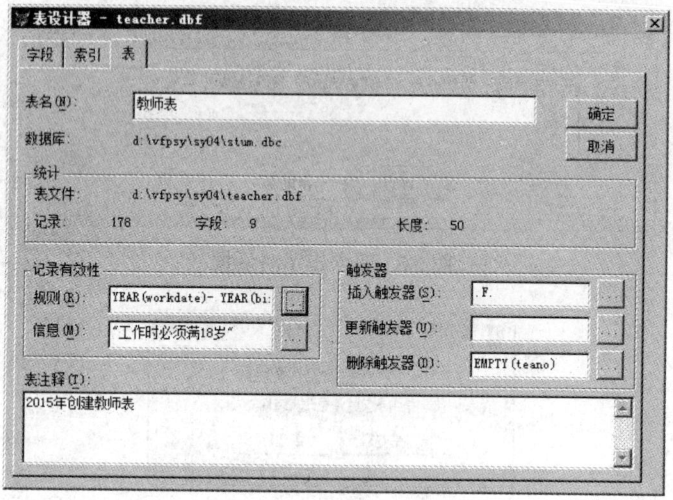

图 5.8 "表设计器"对话框

确,则出现如图 5.5 所示的对话框。对于已有数据的表,如果设置验证规则,则需要注意已有数据是否均满足所设置的验证规则。如果已有数据不满足验证规则,则在关闭"表设计器"时,将出现图 5.6 所示的对话框中的复选框取消。

d) 在"项目管理器"窗口中单击"浏览"按钮,浏览窗口中的表名将会以"教师表"显示。

[实验 5.4] 数据库表之间的联系

在建立数据库表之间的关系之前,首先要为各表建立索引。对于父表,根据主关键字段建立主索引或候选索引。对于子表根据外部关键字建立普通索引,并且父表索引和子表索引表达式一定要相同。

(1) 表间的永久关系设置

a) 在项目管理器"Hyit"的"数据"选项卡中的"Stum"数据库,单击"修改"按钮,将会出现 Stum"数据库设计器"的对话框。

b) 在主菜单"数据库"中选择子菜单"重排",单击出现的对话框中的"确定"按钮。有时还需执行主菜单"数据库"中的子菜单"清理数据库"。

c) 调整 Stum"数据库设计器"的窗口,使得各表的所有索引名在窗口中都可见,如图 5.9 所示。

实验五　表索引的创建与数据库表的扩展属性设置

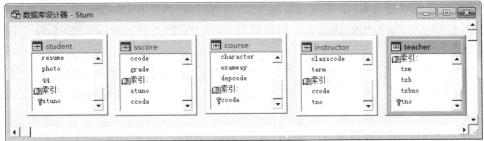

图 5.9　数据库设计器界面

d）用鼠标左键选中 Teacher 表中的主索引"Ttno"，保持按住鼠标左键，并拖动鼠标到 Instructor 表的"Tno"索引上，鼠标箭头会变成小矩形状，最后释放鼠标。用同样的方法建立其他表之间的关系，如图 5.10 所示。

图 5.10　数据库表之间的关联

e）观察图 5.10 中的连线符号，该连线表示建立的是一对多的关联。

如果在建立关联时操作有误，可随时修改。方法是用鼠标的左键单击要修改的连线，连线变粗，如图 5.10 所示。从弹出的快捷菜单中选择"编辑关系"，图 5.11 为"编辑关系"对话框。在图 5.11 中，通过下拉列表框重新选择表或相关表的索引名则可以达到修改联系的目的。

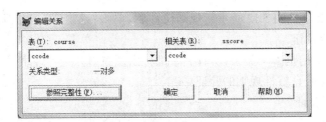

图 5.11　"编辑关系"对话框

若要删除表间的关系,单击两表间的连线,选择连线,然后按【Del】键,或者选择连线,连线变粗,右击鼠标,从弹出的快捷菜单中选择"删除关系"即可。当删除索引时,基于该索引的关系同时被删除。

注意:关系类型是由子表的索引类型决定的。当子表的索引为主索引或候选索引时,建立的关系为"一对一"关系,当子表的索引为普通索引或唯一索引时,建立的关系为"一对多"关系。

(2) 表间的参照完整性设置

在建立参照完整性之前必须首先清理数据库。

a) 在"项目管理器"窗口中选择"数据"选项卡中的 Stum 数据库,单击"修改"按钮,将会出现 Stum"数据库设计器"的对话框。

b) 在主菜单"数据库"中选择子菜单"清理数据库"。该操作与执行命令"Pack DataBase"的功能相同。

c) 在图 5.10 中选择快捷菜单中选择"编辑参照完整性",或在主菜单"数据库"中选择子菜单"编辑参照完整性"都可打开"参照完整性生成器"的对话框,如图 5.12 所示。

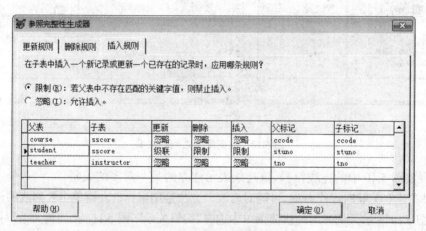

图 5.12 "参照完整性生成器"对话框

d) 规则设置要求如图 5.12 所示。规则设置后,单击"确定"按钮,在后续出现的对话框中均选择"是"命令按钮。

注意:不管单击的是哪个关系,所有关系都将出现在参照完整性生成器中。

[实验 5.5] 参照完整性规则的验证

(1) 更新规则验证

a) 打开 student 表,并浏览该表。

b) 将学号为"3062106101"的学生的学号修改为"9999999999",如图 5.13 所示。

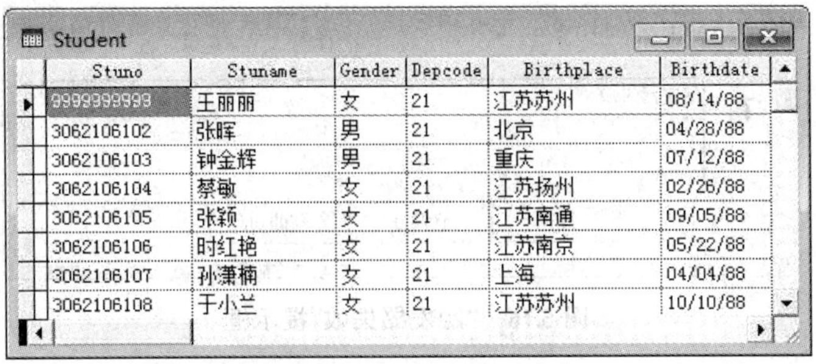

实验五 表索引的创建与数据库表的扩展属性设置   53

图 5.13 修改 student 表的字段值

c) 打开 sscore 表,并浏览该表,发现该表中的对应 stuno 字段值已发生变化,如图 5.14 所示。

图 5.14 浏览 sscore 表

(2) 删除规则验证

a) 打开 student 表,并浏览该表。

b) 将学号为"3062106102"的学生记录删除,如图 5.15 所示。

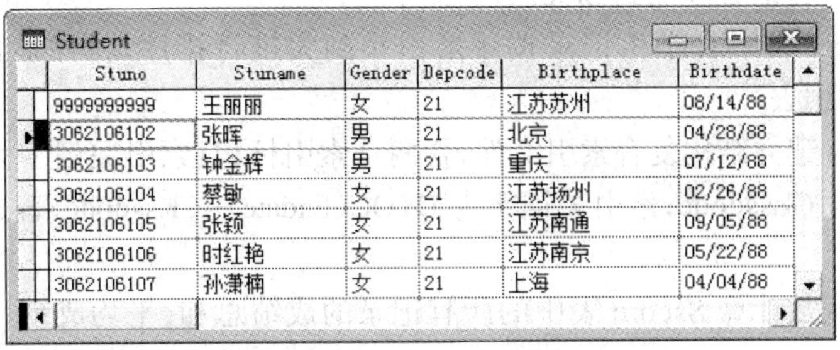

图 5.15 删除 student 表的记录

c) 选中 sscore 表时,系统将自动弹出如图 5.16 所示的"触发器失败"提示框。

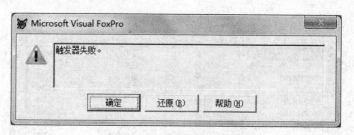

图 5.16 "触发器失败"提示框

（3）插入规则验证

a）打开 sscore 表，向该表中追加一条记录：0123456789，1111012，90。

b）关闭该表时，同样会出现图 5.16 的"触发器失败"提示框。

这是由于表 Student 和表 Sscore 间设置了"插入限制"：表 Student 中没有学号为"0123456789"学生，则 Sscore 表不允许插入该记录，但在表 Student 中插入记录时无限制。

四、思考与练习

1. VFP 支持哪几种索引类型？
2. 数据库表和自由表支持的索引类型有哪些不同？
3. 为什么要建立表之间的关联？
4. 参照完整性有哪些规则可以设置？
5. 排序与索引在命令书写上有什么不同？生成的文件有什么不同？
6. 打开 Stum 数据库，对其进行操作：

（1）将 Sclass 自由表添加到 Stum 数据库中去；

（2）把 Student 表中女学生记录按年龄由小到大进行排序，排序后的结果保存到表 Stuorder.dbf 文件中去；

（3）对 Sclass 建立结构复合索引文件，含两个索引标识：索引关键字为 Classcode、候选索引、索引标识为 Classcode；索引关键字为 DTOC(Endate)+Classcode、普通索引、索引标识为 Endaclco；

（4）用统计函数计算 Sscore 表中的所有记录的成绩总和、平均成绩、最高成绩和最低成绩；

（5）建立 Sclass 表与 Sscore 表之间的永久关系，指定参照完整性，其中插入规则为"限制"，更新规则为"级联"，删除规则为"限制"。

实验六 创建查询和视图

一、实验目的与要求

1. 掌握利用查询向导创建查询的方法；
2. 掌握利用查询设计器创建基于单张和多张表的查询方法；
3. 掌握使用视图设计器创建本地视图的方法；
4. 理解用视图更新数据的方法和步骤；
5. 了解参数化视图的创建方法。

二、实验准备

VFP 启动后，设置 D:\vfpsy\sy06 文件夹为默认实验目录。

三、实验内容与步骤

[实验 6.1]　利用"查询向导"创建一个查询（query6_1.qpr），查询来自"江苏无锡"的出生年份为 1990 年以后的学生信息。要求查询结果中包含学号、姓名、性别、籍贯和出生日期等信息，并按照学号从大到小排序。

操作步骤如下：

（1）在如图 6.1 所示的"项目管理器"窗口中选择"查询"项，单击"新建"按钮。

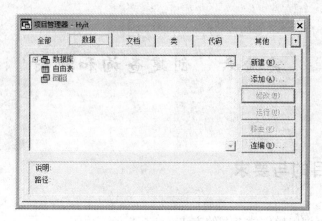

图 6.1 项目管理器

图 6.2 "新建查询"对话框

图 6.3 "向导选取"对话框

（2）在弹出的如图 6.2 所示的"新建查询"对话框中，单击"查询向导"按钮，在弹出的 6.3 所示的"向导选取"对话框中选择"查询向导"，单击"确定"按钮。

（3）在弹出的如图 6.4 所示的"查询向导"步骤 1—字段选取窗口中选择 STUDENT 表，在可用字段中选择 Stuno，Stuname，Gender，Birthplace，Birthdate 等五个字段到选定字段栏中，单击"下一步"按钮。

实验六 创建查询和视图

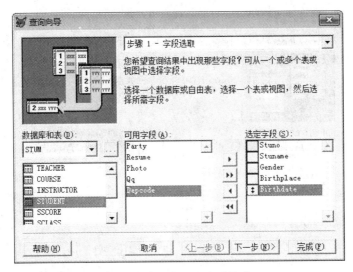

图 6.4 查询向导—字段选取窗口

(4) 在弹出的"查询向导"步骤 3—筛选记录窗口中进行设置,如图 6.5 所示。然后单击"下一步"按钮。

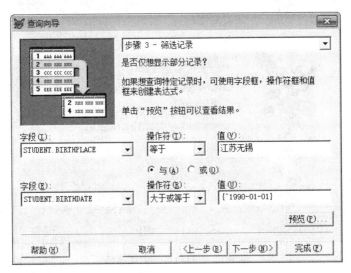

图 6.5 查询向导—筛选记录窗口

(5) 在如图 6.6 所示的"查询向导"步骤 4—排序记录窗口中,将 Stuno 字段添加到右侧栏中,选择"降序",单击"下一步"按钮,忽略"查询向导"步骤 4a—限制记录步骤,直接单击"下一步"按钮。

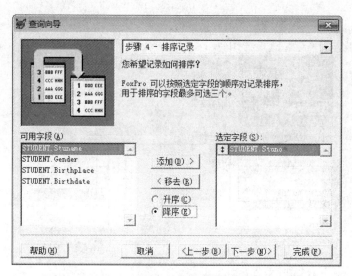

图 6.6　查询向导—排序记录窗口

(6) 在如图 6.7 所示的"查询向导"步骤 5—完成窗口中，单击"完成"按钮。

图 6.7　查询向导—完成窗口

(7) 在弹出的如图 6.8 所示的"另存为"对话框中，输入文件名 query6_1.qpr，单击"保存"按钮，保存该查询。

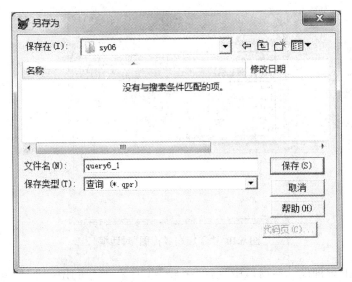

图 6.8 “另存为”对话框

(8) 运行该查询,其查询结果如图 6.9 所示。

Stuno	Stuname	Gender	Depcode	Birthplace	Birthdate
3062101201	费晨珏	女	21	江苏无锡	05/06/90
3062102104	钱倩	女	21	江苏无锡	11/21/90

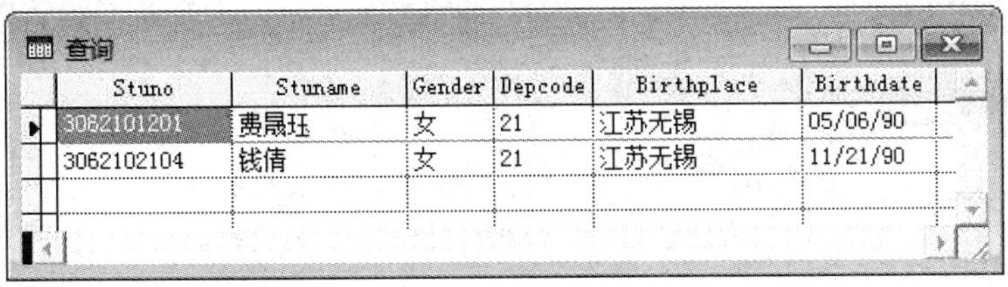

图 6.9 查询结果窗口

[实验 6.2] 利用查询设计器创建一个基于单张表的查询(query6_2.qpr)。在 Student 表中查询院系代号为“13”的学生信息,结果按照学号从小到大排列。

操作步骤如下:

(1) 在项目管理器的“数据”选项卡中选择“查询”项,单击“新建”按钮;在弹出的“新建查询”对话框中单击“新建查询”按钮,弹出如图 6.10 所示的“添加表或视图”对话框。选择 Student 表,单击“添加”按钮。

图 6.10 "添加表或视图"对话框

（2）在打开的查询设计器窗口中选择"字段"选项卡，将"可用字段"列表框中的字段添加到"选定字段"列表中。如果要输出所有字段，则单击"全部添加"；也可以选定某个字段，然后单击"添加"按钮，将字段一一添加到"选定字段"列表中，如图 6.11 所示。

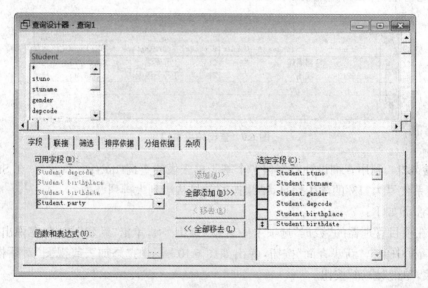

图 6.11 查询设计器—字段选项卡

（3）在"查询设计器"的"筛选"选项卡中，设置筛选条件：院系代号为 13，如图 6.12 所示。

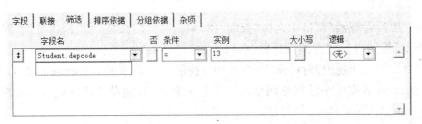

图 6.12　查询设计器—筛选选项卡

注意:字符型的数据实例不需要加引号。如果是日期型数据必须用日期格式来表示。

(4) 在"查询设计器"的"排序依据"选项卡中,设置排序条件。在"选定字段"中双击 Student.stuno 到排序条件列表框中,并设置"排序选项"为"升序",如图 6.13 所示。

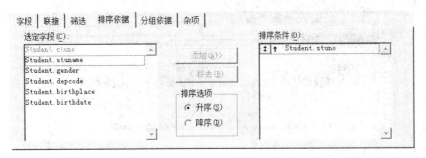

图 6.13　查询设计器—排序依据选项卡

(5) 单击工具栏上的""按钮,在弹出的"另存为对话框"中输入文件名:query6_2,保存该查询。

(6) 单击工具栏上的" ! "按钮,运行该查询,其查询结果如图 6.14 所示。

查询

Stuno	Stuname	Gender	Depcode	Birthplace	Birthdate
1061301201	李楠	男	13	江苏无锡	08/12/88
1061301202	杨帅	男	13	江苏南京	07/22/88
1061301203	吴勇	男	13	江苏太仓	07/28/88
1061301204	朱凤娟	女	13	江苏苏州	10/09/88
1061301205	袁娜	女	13	江苏无锡	05/02/88
1061301206	金磊	女	13	江苏苏州	02/11/88
1061301207	刘超	男	13	江苏太仓	03/17/88
1061301208	陆祎辰	男	13	江苏南京	03/03/88

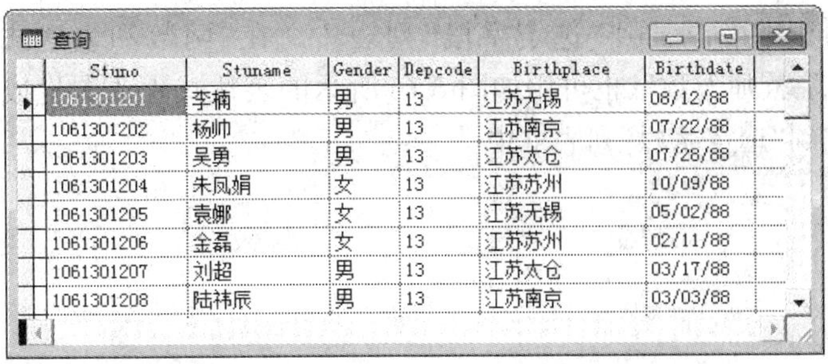

图 6.14　查询结果窗口

[实验 6.3]　利用查询设计器创建一对多表的查询(query6_3.qpr),基于 Department 和 Teacher 两张表统计每个学院的教师人数。

操作步骤如下：

（1）在"项目管理器"窗口中选择"查询"项，单击"新建"按钮，在"新建查询"对话框中单击"新建查询"按钮，打开"查询设计器"窗口。

（2）在"添加表或视图"对话框中（图6.10），按顺序先后添加Department和Teacher表。

如果在stum数据库中已建立两张表的永久关系，则查询设计器默认以永久性关系作为联接条件。

如果在数据库中没有建立永久性关系，在添加第二张表时，会自动弹出如图6.15所示的"联接条件"对话框，设置两张表的联接条件为：Department.depcode=Teacher.depcode，联接类型为"内部联接"，单击"确定"按钮。

当所有表添加完成后，单击"添加表或视图"对话框中的"关闭"按钮。

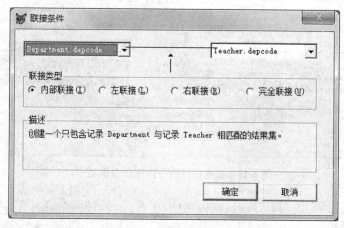

图6.15 "联接条件"对话框

（3）在"查询设计器"的"字段"选项卡上选定输出字段。在"可用字段"列表框中双击Department.depname字段添加到"选定字段"列表中。在"函数和表达式"文本框中输入"count(*) as 各学院教师人数"（也可用如图6.16所示的表达式生成器生成该表达式），单击"添加"按钮，添加到"选定字段"列表框中。

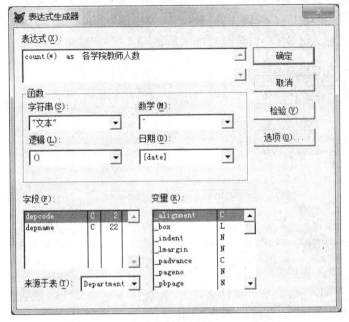

图 6.16 "表达式生成器"对话框

(4) 在"查询设计器"的"分组依据"选项卡中,将 Department.depcode 选定到分组字段列表框中,作为分组的依据,如图 6.17 所示。

图 6.17 查询设计器—排序依据选项卡

(5) 运行该查询,查询结果如图 6.18 所示。

Depcode	Depname	各学院教师人数
11	机械工程学院	10
12	电子与电气工程学院	24
13	计算机工程学院	48
14	建筑工程学院	7
15	交通工程学院	11
16	生命科学与化学工程学院	2
18	经济管理学院	8

图 6.18 查询结果

说明：查询结果默认是以窗口形式的"浏览"。如果要将查询结果输出到一个数据表中，则需要选择"查询"菜单中的"查询去向"选项，在弹出的"查询去向"对话框（如图 6.19 所示）中单击"表"按钮，输入表文件名：学院教师人数，单击"确定"按钮。

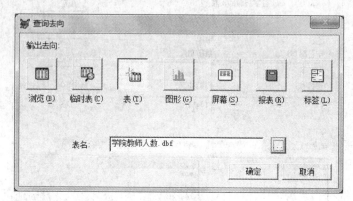

图 6.19 "查询去向"对话框

(6) 运行该查询，观察磁盘上默认文件夹，发现多了一个文件名是学院教师人数.dbf 的表文件，打开此表文件，里面存放的正是查询的结果。

[实验 6.4] 利用查询设计器创建多表的查询（query6_4.qpr），根据 Sclass、Sscore 和 Course 三张表，查询各班级各门课程平均成绩大于或等于 80 分的记录，要求输出 Sclass.classname、Course.cname 和平均成绩。

操作步骤如下：

(1) 在"项目管理器"窗口中选择"查询"项，单击"新建"按钮，在"新建查询"对话框中单击"新建查询"按钮，打开"查询设计器"窗口。

(2) 在"添加表或视图"对话框中，按照顺序先后添加 Course、Sscore 和 Sclass 三张表。

注意：因为 Course 表与 Sscore 表可以通过字段 ccode 直接联接，而成绩表（Sscore）和班级表（Sclass）没有直接对应的字段联接，所以需要在"查询设计器"的联接选项卡中作如图 6.20 所示的设置。

图 6.20 查询设计器—联接选项卡

（3）在"字段"选项卡中，分别选择 Sclass 和 Course 表中的 classname 和 cname 字段，如图 6.21 所示。

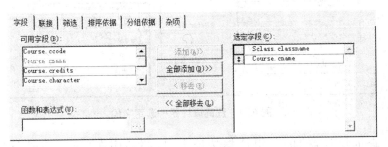

图 6.21　查询设计器—字段选项卡

（4）单击"函数和表达式"右侧图标 ，在弹出的"表达式生成器"对话框中构造"平均成绩"，如图 6.22 所示，设置完成后，单击"确定"按钮。

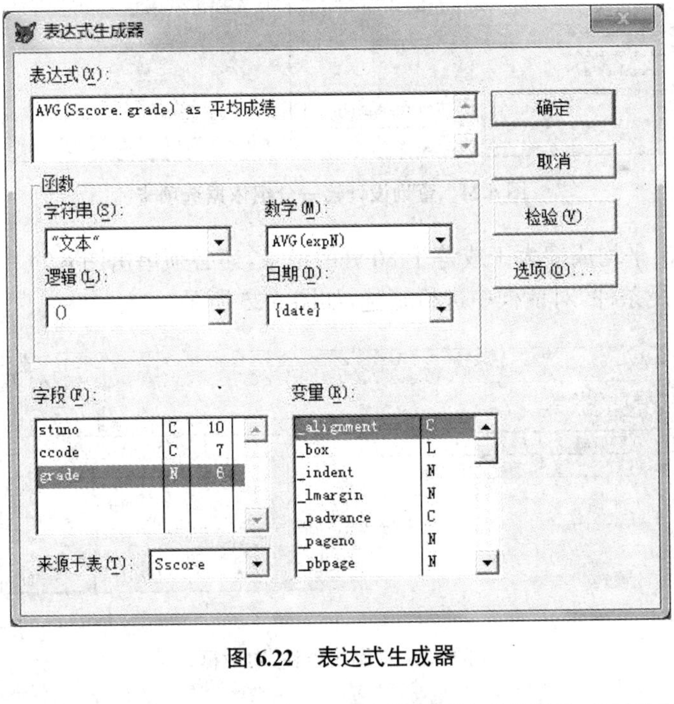

图 6.22　表达式生成器

（5）返回到图 6.21，然后单击"添加"按钮，将刚才创建的"平均成绩"表达式添加到选定字段框中，如图 6.23 所示。

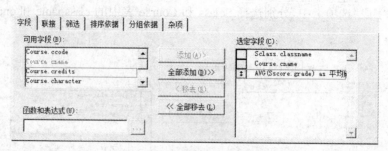

图 6.23 查询设计器—选定字段

（6）在"查询设计器"的分组依据选项卡，按照顺序在"可用字段"列表框中选择 Sclass.classname 和 Course.cname 作为分组字段，如图 6.24 所示。

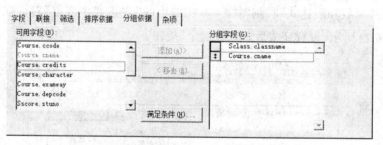

图 6.24 查询设计器—分组依据选项卡

（7）为了输出平均成绩大于或等于 80 分的记录，还必须单击图 6.24 中的"满足条件"按钮，在弹出的"满足条件"对话框中进行筛选，如图 6.25 所示。

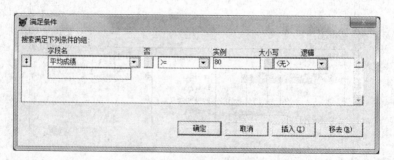

图 6.25 "满足条件"对话框

（8）运行查询并查看结果。

（9）查看生成查询的语句。查询的本质是一条 SELECT-SQL 语句，可以选择"查询"菜单中的"查看 SQL"选项，查看该查询的 SQL 语句，如图 6.26 所示。

实验六　创建查询和视图　　　　　　　　　　　　　　　　　　　　　　　　67

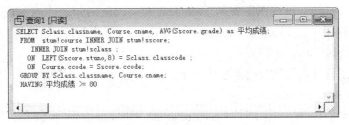

图 6.26　查询对应的 SELECT-SQL 语句

（10）以文件名 query6_4.qpr 保存该查询。

[实验 6.5]　利用视图设计器创建一个本地视图(viewxssc)，要求结果中包含学号、姓名、课程名和成绩，并按成绩从小到大排序。

操作步骤如下：

（1）在 hyit 项目的 stum 数据库中选中本地视图，如图 6.27 所示，然后点击"新建"按钮。

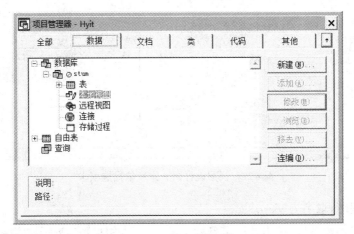

图 6.27　项目管理器

（2）弹出如图 6.28 所示的"新建本地视图"对话框中，单击"新建视图"按钮，打开"视图设计器窗口"。

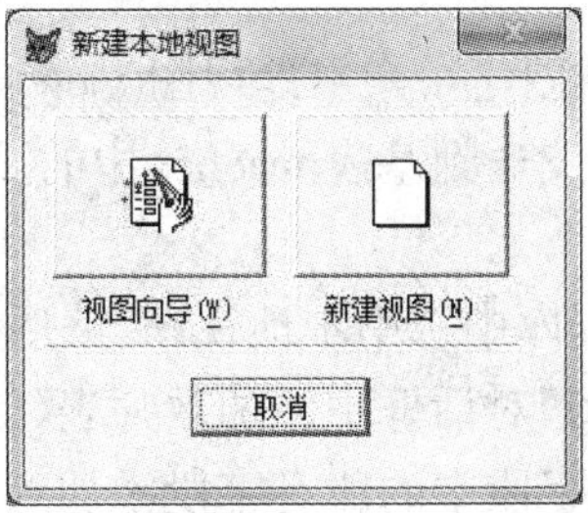

图 6.28　"新建本地视图"对话框

（3）经过分析得知，该视图需要基于 student 和 sscore 两张表才能实现，因此在"添加表或视图"对话框中，先后选中 Student 和 Sscore 表，然后建立两张表的联接关系：Student.stuno=Sscore.stuno。

（4）在"视图设计器"的"字段"选项卡上选定输出字段：Student.stuno、Student.stuname、Sscore.ccode 和 Sscore.grade。

（5）在"排序依据"选项卡上选择 Sscore.grade 字段，添加到"排序条件"列表框中，作为排序的条件，同时在"排序选项"框中选"升序"来排序，如图 6.29 所示。

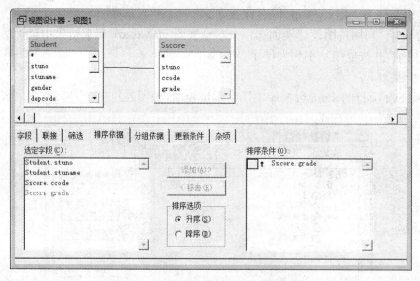

图 6.29 视图设计器—排序依据选项卡

（6）保存视图，取名为 viewxssc。

（7）完成以上步骤后，单击常用工具栏上的"运行"按钮 ，或右击"视图设计器"窗口，在弹出的快捷菜单上选择"运行查询"也可以运行本视图。

注意：使用视图设计器基本上与使用查询设计器一样，但是不同的是视图设计器多一个"更新条件"选项卡。

[实验 6.6] 利用视图设计器创建一个本地视图(viewjs)，要求结果中包含教师表的所有信息，并将 education 字段的更新发送到基表 teacher 中的 education 字段上。

操作步骤如下：

（1）在 hyit 项目的 stum 数据库中选中本地视图，然后点击"新建"按钮。

（2）在打开的"添加表和视图"对话框中添加教师表(teacher)。

（3）在字段选项卡中将可用字段中的所有字段添加到选定字段列表框中。

实验六 创建查询和视图

（4）单击更新条件选项卡，在"字段名"框中单击 teano 字段前的 设置该字段为关键字段，单击 education 字段前的 ，设置该字段为可更新字段，如图 6.30 所示。

（5）选中"发送 SQL 更新"复选框。

图 6.30 "视图设计器"中的"更新条件"选项卡

（6）保存视图为 viewjs。
（7）在命令窗口中执行下列命令：
　　Update viewjs set education="博士" where viewjs.teano="13025"
　　Select viewjs
　　Use
　　Select Teacher
　　Browse for teacher.teano="13025"
此时可以发现源表 Teacher 的 education 字段在相应记录上（Teacher.teano="13025"）的数据发生了更新。

四、思考与练习

1. 创建一个查询，查询"博士"学历的教师记录。
2. 创建一个查询，按学院统计各学生的选课门数、总分、平均分和最低分，要求结果中包含平均分高于 80 分,最低分不低于 70 分的所有记录。

3. 创建一个查询,查询各地区的学生人数。

4. 创建一个基于 teacher 表和 title 表的视图 viewtt,显示 teacher.teano、teacher.teaname 和 title.tname 字段。要求视图可更新教师职称字段,对教师职称的更新允许发送到基表——title 表。

5. 创建一个基于 student 表,sscore 表的参数化视图 viewxscj,显示 stuno、stuname 和 grade 字段,使得该视图可以根据输入的课程代号参数,输出该课程每个学生的成绩。

实验七 结构化语言

一、实验目的与要求

1. 掌握数据定义语句的使用方法；
2. 掌握数据更新语句的使用方法；
3. 熟练掌握 SQL-SELECT 简单查询命令的使用方法；
4. 掌握 SQL-SELECT 条件查询命令的使用方法；
5. 掌握 SQL-SELECT 连接查询命令的使用方法；
6. 掌握 SQL-SELECT 分组查询命令的使用方法；
7. 掌握视图的定义语句。

二、实验准备

VFP 启动后，设置 D:\vfpsy\sy07 文件夹为默认实验目录。

三、实验内容与步骤

[实验 7.1] 数据定义

（1）利用 CREATE TABLE 语句定义一个班级表(sclass)，表结构如表 7-1 所示。

表 7-1 班级表(sclass)的结构

字段名	字段类型	字段宽度	小数位数	说明
Classcode	字符型	8		班级编号
Classname	字符型	10		班级名称
Subname	字符型	20		专业名称

Create table scalss(classcode C(8), classname C(10), subname _____)

(2) 利用 ALTER TABLE 语句修改班级表（sclass），为该表增加一个字段 endate（日期型）。

Alter table sclass _____ endate _____

(3) 利用 ALTER TABLE 语句为班级表（sclass）设置候选索引，索引名为 sc_code，表达式为 classcode。

Alter table sclass1 _____ classcode tag sc_code

[实验 7.2] 数据更新

（1）利用 INSERT-SQL 语句向实验 7-1 创建的班级表（sclass）中添加一条记录，记录内容如表 7.2 所示。

表 7-2 记录内容

Classcode	Classname	Subname	endate
10615011	运输 106	交通运输	2006/09/07

Inscrt into sclass(classcode, classname, subname,endate);
Values("10615011","运输 106","交通运输", _____)

（2）利用 UPDATE-SQL 语句将教师表（teacher）中工号为"11089"教师的学历修改为"硕士"。

Update teacher set education=_____ where teano="11089"

（3）利用 DELETE FROM 语句删除课程表（course）中课程名为"定向越野"的课程。

Delete from course where cname="定向越野"

[实验 7.3] 简单数据查询

（1）查看 Student 表的所有学生信息。

Select * from student

（2）查看 Student 表全体学生的学号、姓名、出生地、出生日期。

Select student.stuno, student.stuname, student.birthplace, _____ ;
From student

（3）查看 Teacher 表中全体教师的工号、姓名、工龄，并按工龄降序。

Select teacher.teano, teacher.teaname, year(date())-year(teacher.workdate) as 工龄;
From teacher order by _____ desc

（4）查看 Teacher 表全体教师的学历层次。

Select _____ teacher.education from teacher

（5）查看 Department 表的学院名称，并将其输出到文本文件"院系.txt"中。运行后查看默认文件夹下是否产生了"院系.txt"文件。

Select distinct department.depname from department;
_____院系.txt

[实验 7.4] 条件数据查询

（1）查看 Student 表中姓"张"学生的信息。

Select * from student where student.stuname like _____

（2）查看 Student 表中来自苏州的学生信息。

Select * from student where _____ $ alltrim(student.birthplace)

（3）查看 Student 表中 1988 年出生的女学生的学号、姓名、出生日期。

Select student.stuno, student.stuname, student.birthdate from student;

Where year(student.birthdate) =1988 and _____

（4）查看来自"太仓"或性别为"女"的学生的学号、姓名、性别以及出生地。

Select student.stuno, student.stuname, student.gender, student.birthplace;

From student;

Where student.gender="女" or _____ $ alltrim(student.birthplace)

（5）查看 student 表中院系代号为"13"的学生姓名，其显示结果如图 7.1 所示，请完善代码。

Select depcode as 院系代号, student.stuname from student;

Where _____

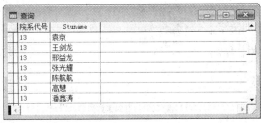

图 7.1 查询结果

[实验 7.5] 连接查询

（1）查看教师所在院系情况，并将查询结果保存在"院系教师名单"表中。

Select teacher.teano, teacher.teaname, department.depname;

From teacher inner join department;

On teacher.depcode=department.depcode;

_____院系教师名单.dbf

（2）查看所有学生的成绩情况，并按学号升序排序，其查询结果如图 7.2 所示。

Select student.stuno, student.stuname, sscore.grade;

From student inner join sscore ;
On student.stuno=sscore.stuno;
Order by _____

图 7.2　查询结果

[实验 7.6]　嵌套查询

（1）查询选修了课程代码为"1311860"的学生的学号和姓名，其查询结果如图 7.3 所示。

Select student.stuno, stuname from student where student.stuno in;
(select sscore.stuno from sscore where sscore.ccode = _____)

图 7.3　查询结果

（2）查询所有担任课程的女教师的教师编号和姓名，查询结果按教师编号升序。

Select distinct teacher.teano, teacher.teaname;
From teacher inner join instructor ;
On teacher.teano=instructor.teano;
Where instructor.classcode _____ (select classcode from sclass);
And teacher.gender = _____ ;
Order by teacher.teano

[实验 7.7]　分组查询

（1）统计任课教师的人数，查询结果如图 7.4 所示。

Select count(____________) as 任课教师人数 from teacher

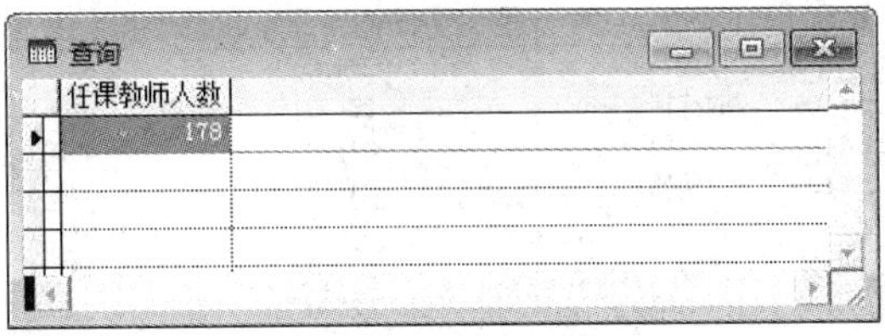

任课教师人数
178

图 7.4　查询结果

（2）统计各个学院学生的人数，并按人数降序排序，其查询结果如图 7.5 所示。

Select department.depname, ______________ as 教师人数;

From department inner join teacher;

On department.depcode=teacher.depcode;

Group by department.depcode;

Order by ______________

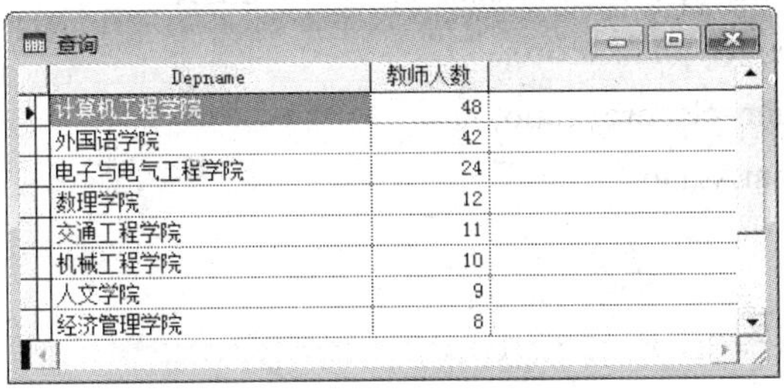

Depname	教师人数
计算机工程学院	48
外国语学院	42
电子与电气工程学院	24
数理学院	12
交通工程学院	11
机械工程学院	10
人文学院	9
经济管理学院	8

图 7.5　查询结果

（3）统计每个学生的总成绩和平均成绩，其查询结果如图 7.6 所示。

Select student.stuno, student.stuname, ______________ as 总成绩;

__________ as 平均成绩;

From student inner join sscore;

On Student.stuno=Sscore.stuno;

Group by ______________;

Order by 3 desc

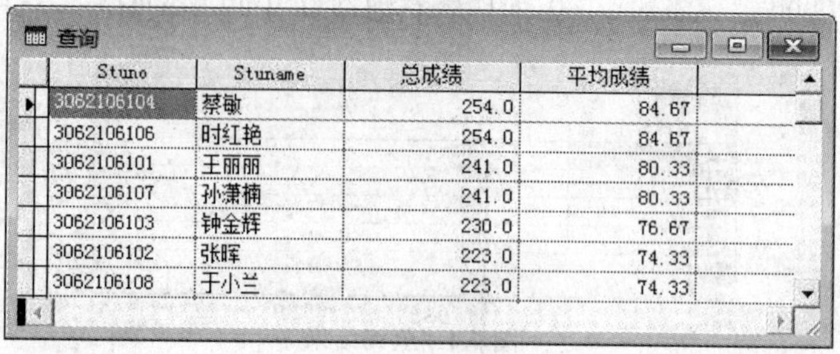

Stuno	Stuname	总成绩	平均成绩
3062106104	蔡敏	254.0	84.67
3062106106	时红艳	254.0	84.67
3062106101	王丽丽	241.0	80.33
3062106107	孙潇楠	241.0	80.33
3062106103	钟金辉	230.0	76.67
3062106102	张晖	223.0	74.33
3062106108	于小兰	223.0	74.33

图 7.6 查询结果

[实验 7.8] 定义视图

（1）打开数据库 stum。

　　Open database stum

（2）在命令窗口定义一个视图 stu_sscore，查看学生成绩信息。

　　Create _____ stu_sscore as;

　　Select student.stuno, student.stuname, sscore.grade;

　　From student inner join sscore;

　　On Student.stuno=Sscore.stuno;

　　Order by student.stuno

四、思考与练习

1. CREATE TABLE 语句和 ALTER TABLE 语句分别用来实现什么操作？

2. SELECT-SQL 语句中常用的合计函数有哪些？在哪些情况下需要使用这些函数？

3. 使用 SELECT-SQL 语句查询各门课程的选课人数、平均分，输出包括课程代号、课程名、选课人数和平均分，查询结果按选课人数降序排序。

4. 使用 SELECT-SQL 语句查询"计算机工程学院"的学生名单。

实验八　分支结构

一、实验目的与要求

1. 熟悉程序的编辑环境以及程序文件的建立、运行与调试方法；
2. 熟悉程序文件的结构和结构化程序设计的基本方法；
3. 掌握程序设计语言的特点和基本输入输出命令的使用；
4. 掌握顺序结构和分支结构程序设计思想。

二、实验准备

VFP 启动后，设置 D:\vfpsy\sy08 文件夹为默认实验目录。

三、实验内容与步骤

[实验 8.1] 从键盘任意输入两个数分别赋给 A、B，交换这两个数并输出。

算法分析：借助第三个变量实现交换。即先将其中一个数 A 的值赋给第三个变量 C，然后将另一个数 B 的值赋给 A，最后将变量 C 的值赋给 B。

(1) 打开代码编辑窗口，输入以下代码：

```
Input "请输入 A 的值" to A
Input "请输入 B 的值" to B
?"A 的值:", A
?"B 的值:", B
C=A
_____
_____
```

```
      ?"交换后"
      ?"A 的值:", A
      ?"B 的值:", B
```
(2) 保存程序文件:prog8_1.prg
(3) 在命令窗口中输入以下命令执行程序:
```
      do prog8_1
```
执行时,通过键盘分别输入两个数,如 3 和 4,按[ENTER]键,查看屏幕显示结果_____
_____。

[实验 8.2] 假设给定一个三角形的三条边,请计算三角形的面积。

算法分析:利用海伦公式计算三角形面积。先给三条边赋值,然后判断三条边是否能构成三角形。若能,则先计算三角形周长的一半,再利用海伦公式计算三角形的面积,否则提示数据错误。(注意:构成三角形的判断依据是任意两边之和都大于第三边。)

(1) 编写并完善程序代码:
```
      Input "请输入边 A 的值"  to   A
      Input "请输入边 B 的值"  to   B
      Input "请输入边 C 的值"  to   C
      S=0
      P=_____              && 计算三角形周长的一半
      If A+B>C AND A+C>B AND B+C>A
         S=sqrt(P*(P-A)*(P-B)*(P-C))
         ?"三角形的面积是:",_____   && 输出三角形的面积
      Else
         Wait window "这三条边不能构成三角形"
      Endif
```
(2) 保存程序文件:prog8_2.prg
(3) 运行程序

单击工具栏上"运行"按钮,在屏幕上分别输入三个数:3、4、5,按 Enter 键运行程序,在屏幕上查看运行结果:_____

重新运行程序,再输入 1、3、4,查看运行结果:_____

[实验 8.3] 已知一元二次的三个系数 a,b,c,求一元二次方程的根。

算法分析:一元二次方程的根有三种情况,如果数学式 $b^2-4ac>0$,方程有两个根;若 $b^2-4ac=0$,方程有一个根;否则方程无实根。

(1) 编写并完善程序代码
```
      Clear
```

实验八 分支结构

```
Input "请输入 A 的值"   to   a
Input "请输入 B 的值"   to   b
Input "请输入 C 的值"   to   c
t=b^2-4*a*c
Do case
    Case t>0
    x1=(-b+sqrt(t))/(2*a)
    x2=(-b-sqrt(t))/(2*a)
    ?"方程有两个根:", x1, x2
    Case t=0
    x1=-b/(2*a)
    ?"方程有一个根:", x1
    Otherwise
    ?"方程无解"
Endcase
```

（2）保存程序文件：prog8_3.prg

（3）执行程序。

根据提示，在屏幕上分别输入三个数值，查看显示结果：＿＿＿＿＿＿

[实验 8.4] 在班级表中查询某个专业的班级信息。如果存在，则显示该班级相关信息，否则显示"专业不存在"提示信息。

算法分析：利用条件定位来实现。首先判断班级表是否打开，若未打开，则选择空闲的工作区，打开班级表；然后查找专业信息，并判断是否存在此专业，若存在，则显示该专业的班级信息，否则提示不存在。

（1）编写并完善程序代码：

```
Accept "请输入要查找的专业名称" to st
If !used("sclass")
    Select 0
    Use sclass
Else
    Select sclass
Endif
Locate for subname=＿＿＿＿＿＿
If found()
    ? classcode, classname, subname
```

Else
    ? st+"专业不存在"
Endif

（2）保存程序文件：prog8_4.prg

（3）运行程序。

根据提示，在屏幕上输入"工商管理"专业名称信息，按[Enter]键，查询该专业是否存在，并在屏幕上查看运行结果：_____

[实验 8.5] 查询"王丽丽"学生各科目平均成绩的等级。其中等级划分标准为：90~100 分为优秀；80~89 分为良好；70~79 分为中等；60~69 分为及格；60 分以下为不及格。

算法分析：学生表（student）包含学号（stuno）、姓名（stuname）、性别（gender）等 10 个字段；成绩表（sscore）包含学号（stuno）、课程代码（ccode）、成绩（grade）字段。利用表间关系查询学生并统计成绩。

（1）编写并完善程序代码

```
Clear
Select student.stuno, student.stuname,_____ as 平均成绩;
From student inner join sscore;
On student.stuno=sscore.stuno;
Where alltrim(student.stuname)=_____;
Into cursor temp
x=temp.平均成绩
Do Case
    Case x>=90
        s="优秀"
    Case x>=80
        s="良好"
    Case x>=70
        s="中等"
    Case x>=60
        s="及格"
    Otherwise
        s="不及格"
Endcase
? "王丽丽"+"的成绩等级是:",_____
Use
```

（2）保存程序文件：prog8_5.prg
（3）运行程序，并在屏幕上查看显示结果：_____

四、思考与练习

1. 从键盘输入一个数，判断该数是奇数还是偶数。
（1）编写并完善程序代码：
  Input "请输入一个数" to a
  If _____
   ?a,"是偶数"
  _____
   ?a,"是奇数"
  Endif
（2）保存程序文件：ex8_1.prg
（3）运行程序，在屏幕上输入一个 4，查看显示结果：_____。
2. 显示并统计不及格课程的课程门数。
（1）编写并完善程序代码
  ******统计不及格的课程门数
  Select course.cname, sum(iif(sscore.grade<60,1,0)) as 课程门数;
  From course inner join sscore;
  On course.ccode=sscore.ccode;
  Group by course.ccode;
  Having _____;
  Order by 2 desc;
  Into cursor _____
  Select temp
  Count to _____
  List
  ?"不及格的课程门数:", n
（2）保存程序文件：ex8_2.prg
（3）运行程序，并在屏幕上查看不及格的课程门数：_____。

实验九 循环结构

一、实验目的与要求

1. 掌握循环结构程序设计的基本方法；
2. 掌握用 DO WHILE-ENDDO、FOR-ENDFOR、SCAN-ENDSCAN 设计循环程序，解决一般实际处理问题；
3. 掌握数组的使用；
4. 掌握过程、函数的定义和使用。

二、实验准备

VFP 启动后，设置 D:\vfpsy\sy09 文件夹为默认实验目录。

三、实验内容与步骤

[实验 9.1] 求 1/2+2/3+3/4+…+10/11。

算法分析：本题是计算多个数据项的和，一般采用累加算法来实现。进行累加运算时，可定义一个变量（如 s）作为累加器，一般初值为 0，再定义一个变量（如 n）用来表示加数，循环中反复执行 s=s+n 即可实现累加操作，从而实现多个数据的累加。

本例中累加的加数为一个分数，可表示为 n/(n+1)，n 从 1 变化到 10，共执行 10 次加法运算。

（1）打开代码编辑窗口，输入以下代码：

```
Clear
s=0
n=1
```

实验九 循环结构

```
Do while n<=10
    s=s+_____
    n=n+1
Enddo
? s
```

（2）保存程序文件：prog9_1.prg

（3）运行程序，并在屏幕上查看显示结果为_____。

[实验 9.2] 求一组数据中的最大值和最小值，并输出。（结合数组）

算法分析：先把第一个数既作为最大值，也作为最小值，然后把其余的数依次与最大值和最小值进行比较，如果该数比最大值大，作为新的最大值，比最小值小，作为新的最小值，依次类推，把所有的数都比较完，则自动找出最大值和最小值。

```
Clear
Dimension a(10)
For i=1 to 10
    Input "输入第"+str(i,1)+"个数" to x
    a(i)=x
Next i
max_n=a(1)
min_n=a(1)
For i=2 to 10
    If a(i)>max_n
        max_n=_____
    Endif
    If _____
        min_n=a(i)
    Endif
Next i
?"最大值是：", max_n
??"最小值是：", min_n
```

（2）保存程序文件：prog9_2.prg

（3）运行程序，在屏幕上依次输入 10 个数，查看显示结果为_____。

[实验 9.3] 从键盘输入任意一个字符串，输出它的逆序结果。

算法分析：可以从字符串的右端依次取出每一个字符，连接在结果串变量 rt 中，直到把第一个字符也取出，结束循环体。

（1）编写并完善程序代码：
```
Clear
Accept "请输入字符串" to st
rt=""
i=len(st)
Do while _____
    rt=_____+substr(st,i,1)
    i=i-1
Enddo
? rt
```
（2）保存程序文件：prog9_3.prg
（3）运行程序，在屏幕上依次任意字符串，如"abcd"，查看显示结果为_____。

[实验 9.4] 随机产生 10 个两位数，并将其按大小排列。（结合数组以及排序算法）

算法分析：排序算法有选择排序、直接排序、冒泡排序等，其中选择排序算法思想是将第一个数与其余的数依次比较，如果第一个遇小于其他的数，将其交换，再进行比较，直到最后一个数，当第一轮结束，最大的数已放在第一个位置上；将第二个数依次与其后的所有数比较，利用相同的方法，则第二轮结束，次大的数已排在第二个位置，依次类推，直到最后一个数，则所有的数都已按由大到小排序。

（1）编写并完善以下程序代码：
```
Clear
Dimension A(10)
For i=1 to 10
    A(I)=Int(rand()*90)+10
    ??A(I)
Next i
For i=1 to 9
    For j=i+1 to 10
        If A(j)>A(i)
            x=A(i)
            A(i)=A(j)
            A(j)=x
        Endif
    Endfor
Endfor
```

? "排序后的结果是"
?
For i=1 to 10
　　??A(I)
Next i

（2）保存程序文件：prog9_4.prg

（3）运行程序，并在屏幕上查看显示结果：_____。

[实验 9.5] 统计具有本科、硕士和博士学历的教师人数。

算法分析：逐条扫描教师表（teacher）中的每一条记录，判断每位教师的学历是本科、硕士或博士，并分别统计。

（1）编写并完善以下程序代码：

Clear
Store 0 to n1, n2, n3
Use teacher
Do while _____
Do Case
　　Case teacher.education="本科"
　　　n1=n1+1
　　Case teacher.education="硕士"
　　　n2=n2+1
　　Case teacher.education="博士"
　　　n3=n3+1
Endcase
_____
Enddo
?"本科教师人数", n1
?"硕士教师人数", n2
?"博士教师人数", n3
Use

（2）保存程序文件：prog9_5.prg

（3）运行程序，并在屏幕上查看显示结果：_____。

[实验 9.6] 统计课程表（course）中 4 个学分的"专业限选课"和"专业基础课"的课程数目。

算法分析：逐条扫描 course 中的每一条记录，分别统计"专业限选课"和"专业基础课"。

（1）编写并完善以下程序代码：
```
Clear
n1=0
n2=0
Use course
Scan for credits=4
    If course.character="专业限选课"
        n1=n1+1
    Endif
    If course.character="专业基础课"
        n2=n2+1
    Endif
Endscan
?"专业限选课有"+str(n1,2)+"门课"
?"专业基础课有"+str(n2,2)+"门课"
Use
```
（2）保存程序文件：prog9_6.prg
（3）运行程序，并在屏幕上查看显示结果：＿＿＿＿＿＿

[实验 9.7] 创建一个自定义函数，求 3 个数中的最大值。
（1）编写自定义函数，如下代码：
```
Function   maxnum
  Para   x,y,z
  If x>y
    If x>z
      max_data=＿＿＿＿＿＿
    Else
      max_data=z
    Endif
  Else
    If y>z
      max_data=y
    Else
      max_data=z
    Endif
```

　　　　Endif
　　　　　Return ＿＿＿＿＿＿
　　　　Endfunc
（2）保存程序文件：maxnum.prg
（3）在命令窗口执行以下命令，则执行结果：＿＿＿＿＿＿。
　　　?maxnum(3,4,5)

[实验 9.8]　计算 1!+2!+3!+……+10!之和。
（1）完善程序代码：
　　　Clear
　　　s=0
　　　For i=1 to 10
　　　　s=s+＿＿＿＿＿＿
　　　Endfor
　　　?"1! +2! +3! +......+n! 的结果是：" +str(s)
　　　***************自定义函数
　　　Function fact
　　　Para　n
　　　p=1
　　　If n=0 or n=1
　　　　　p=1
　　　Else
　　　　For i=1 to n
　　　　　p=＿＿＿＿＿＿
　　　Endfor
　　　Endif
　　　　Return ＿＿＿＿＿＿
　　　Endfunc
（2）保存程序文件：prog9_8.prg
（3）运行程序，则执行结果：＿＿＿＿＿＿

[实验 9.9]　编写过程文件。
（1）编写自定义函数，如下代码：
　　　******判断一个数是否为素数
　　　Function prime
　　　Para x

```
        Flag=.T.
        IF x=1
            Flag=.F.
        Endif
        For i=2 to sqrt(x)
            If mod(x,i)=0
                Flag=.F.
                Exit for
            Endif
        Endfor
        Returnflag
***求一组数据的累加和
Functionsum_data
Para m
s=0
For n=1 to m
    s=s+n
Endfor
Retruns
```

（2）保存过程文件：prog9_9.prg

（3）在命令窗口执行以下命令，并查看执行结果：_____、_____、_____
____。

```
Set procedure to prog9_9
?Prime(3)
?Prime(5)
?Sum_data(5)
```

说明：自定义函数既可以单独存放，也可以与被调用的主程序放在同一个程序文件中，但必须放在主程序的底部。

四、思考与练习

1. 打开程序 ex9_1.prg，计算从 1 到该数字 X 之间有几个偶数、几个奇数、几个被 3 整除的数，并分别显示出来。

实验九 循环结构

(1) 修改程序代码

  Store0 to s1, s2, s3

  Input "请输入一个整数" to x

  Do whilex<0   && 错误

    If int(x/2)=x/2

      s1=s1+1

    Else

      s2=s2+1

    Endif

    If mod(x,3)<>0   && 错误

      s3=s3+1

    Endif

    x=x-1

  Enddo

  ? "偶数的个数:", s1

  ? "奇数的个数:", s2

  ? "被3整除的个数:", s3

(2) 以原文件名保存程序。

(3) 运行程序,并在屏幕上查看执行结果:_____。

2. 打开程序文件 ex9_2.prg,程序的功能是:先根据学院表(Department)生成 Dm,其结构与 Department 一样。然后根据教师表(Teacher)计算每个学院的教师人数并将相应数据填入 Dm 表中,程序中有三处错误,请修改并执行程序,执行结果如图9.1所示。

注意:只能修改标有错误的语句行,不能修改其他语句。

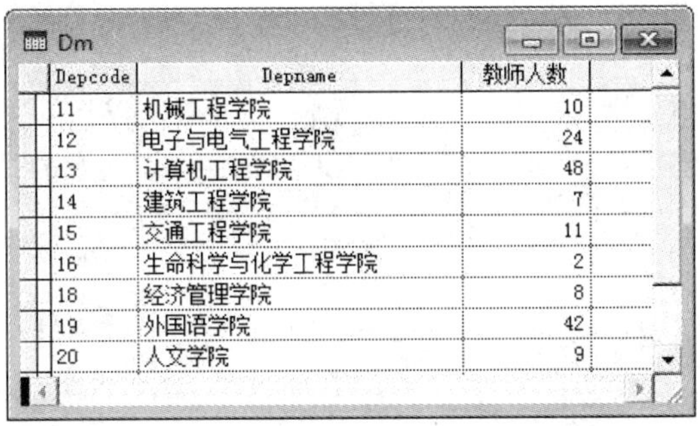

Depcode	Depname	教师人数
11	机械工程学院	10
12	电子与电气工程学院	24
13	计算机工程学院	48
14	建筑工程学院	7
15	交通工程学院	11
16	生命科学与化学工程学院	2
18	经济管理学院	8
19	外国语学院	42
20	人文学院	9

图 9.1 Dm 表记录

(1) 修改程序代码

&& 根据"Teacher"计算每个学院的教师人数并将数据填入"Dm"表中

Close table all

Select *from department into table Dm

Alter table Dm add column 教师人数 I

Select Dm

Go top

Do not eof()   && 错误

 院系代号=depcode

 Select count(*) from teacher;

 Where teacher.depcode=院系代号 into t   && 错误

 Replace 教师人数 with t[1]

Next   && 错误

Enddo

(2) 以原文件名程序。

(3) 运行程序。

(4) 浏览 Dm 表,查看该表的数据信息。

实验十 表单的基本操作

一、实验目的与要求

1. 掌握用表单向导创建表单的方法；
2. 掌握用表单设计器创建、修改表单的方法；
3. 掌握表单的常见属性；
4. 掌握表单生成器和控件生成器的使用方法。

二、实验准备

VFP 启动后，设置 D:\vfpsy\sy10 文件夹为默认实验目录。

三、实验内容与步骤

[实验 10.1] 使用表单向导创建表单

创建基于 Student 表的表单 stuform.scx，要求：包含所有字段，表单样式选择"阴影式"，按钮类型选择"图片按钮"，排序顺序选择学号，表单标题为"学生基本信息情况"。

(1) 在项目管理器中选择"文档"选项卡，从中选定"表单"，单击"新建"按钮，弹出如图 10.1 所示"新建表单"对话框，单击"表单向导"，系统弹出如图 10.2 所示的"向导选取"对话框。

(2) 在"向导选取"对话框中选择"表单向导"，则弹出如图 10.3 所示对话框。

(3) 选择 Student 表，单击 ▶▶ 按钮添加所有字段，单击"下一步"按钮。

(4) 在"样式"列表中选择"阴影式"，在"按钮类型"中选择"图片按钮"，单击"下一步"按钮。

(5) 选择"stuno"，单击"添加"按钮，选择"升序"，单击"下一步"按钮。

图 10.1 "新建表单"对话框

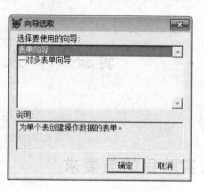

图 10.2 "向导选取"对话框

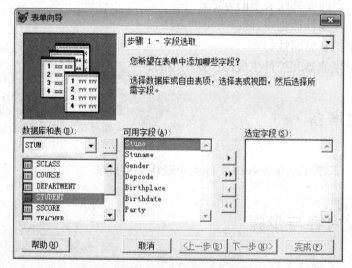

图 10.3 "表单向导"对话框

(6) 表单标题为"学生基本信息情况",单击"完成"按钮。

(7) 将该表单保存在 D:\vfpsy\sy10 文件夹下,文件命名为为 stuform.scx。运行表单,效果如图 10.4 所示。

保存后请打开 D:\vfpsy\sy10,查看发现产生两个文件:stuform.scx 和 stuform.sct。

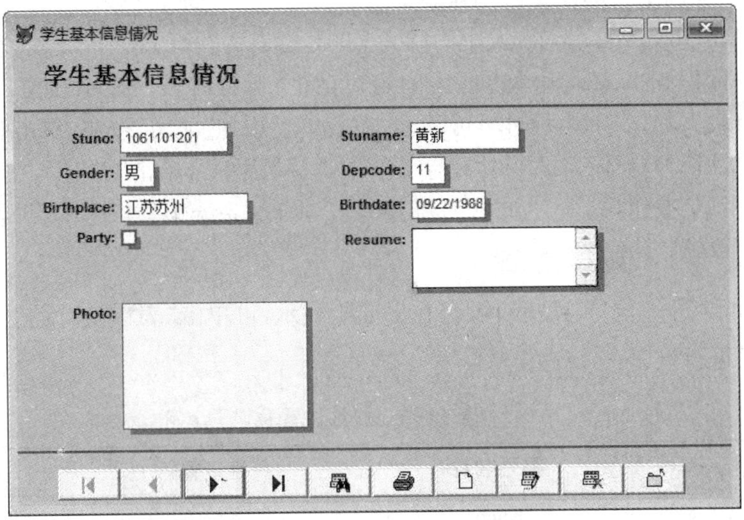

实验十 表单的基本操作

图 10.4 表单 stuform 运行效果

[实验 10.2] 使用表单向导创建一对多表单

以 Student 表为主表,Sscore 表为子表设计一个一对多表单。要求显示每个学生的学号(stuno)、姓名(stuname)、所选修课程的课程代号(ccode)和成绩(grade),表单样式为"边框式",按钮类型为"文本按钮",排序字段为 stuno。表单标题为"学生成绩"。将该表单保存在 D:\vfpsy\sy10 文件夹下,表单保存为"stuscore.scx"。

其操作步骤与上一个实验类似。在 VFP 环境下,利用表单向导新建表单,并在如图 10.2 的"向导选取"对话框中选择"一对多表单向导",然后按照向导的提示完成相关的设计。

注意:运行时,按照关键字段将父表与子表建立临时关系。父表字段内容显示在窗口顶部,子表的内容在下方以表格的形式显示。运行结果如图 10.5 所示。

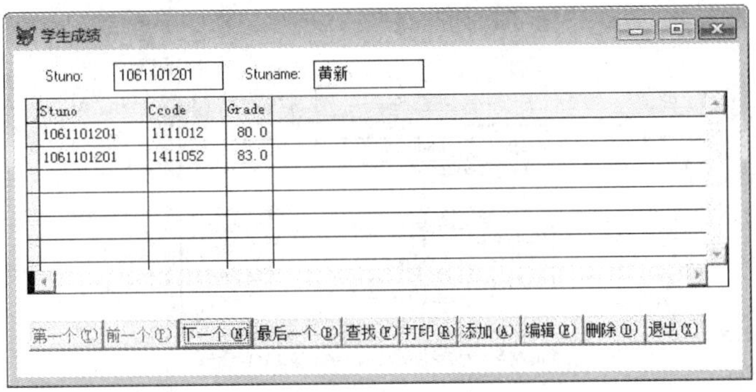

图 10.5 一对多表单运行结果

[实验 10.3] 利用表单设计器创建表单

创建表单 myform.scx，要求：大小为（400*600），标题为"我的表单"，背景为图片 hyit.jpg，表单的控制图标为 book.ico，表单边框为固定对话框，运行时自动显示在窗口中央，双击表单时表单窗口最大化，表单运行时不可移动，在表单上添加"关闭"按钮，单击时关闭该表单。

(1) 在"项目管理器"窗口的"文档"选项卡中选择"表单"，单击"新建"，在弹出的对话框中选择"新建表单"按钮，进入"表单设计器窗口"。此时，系统工具栏上出现"表单设计器"工具栏。

(2) 单击属性窗口，如属性窗口没有在界面中显示，可单击"表单设计器"中的 。在属性窗口按下表进行设置。

表 10-1 属性设置表

对象	属性名称	属性设置	说明
Form1	height	400	高度
	width	600	宽度
	Caption	我的表单	表单标题
	Pictrue	hyit.jpg(需设置路径)	背景为图片
	Icon	Logo.ico(需设置路径)	控制图标
	BorderStyle	2	运行时边框不可调
	AutoCenter	.T.	运行时自动居中

在属性窗口中，选择快捷菜单中的"只能用非缺省属性"时，属性列表只显示 name、caption 和被编辑过的属性。如图 10.6 所示。如要继续修改其他属性，必须撤销对该项的选中。

图 10.6 "非缺省属性"窗口

实验十　表单的基本操作

(3) 单击"表单设计器"工具栏上的"代码窗口"或者在表单上双击，打开代码编辑窗口。选择对象为"form1"，"过程"为 Dblclick，输入代码 thisform.Windowstate=2。该表单在运行时若双击标题栏则该表单最大化。

(4) 在"表单控件"工具栏上选中"命令按钮"工具，在表单上按住鼠标左键拖动鼠标，即添加命令按钮控件 Command1。选中此按钮，将其移动到合适的位置。更改 Command1 的 name 属性值为 cmdclose，caption 属性为"关闭"。双击此按钮，打开"代码"窗口，选择对象为 cmdclose，过程为 click，输入代码 thisform.release 或者 release thisform。

(5) 保存表单，将该表单保存在 D:\vfpsy\sy10 文件夹下，文件命名为为"myform.scx"。运行表单，运行表单如图 10.7 所示。双击表单标题栏，则该表单最大化。

图 10.7 "我的表单"运行效果

[实验 10.4] 使用表单设计器创建显示单个表数据的表单。

创建一个显示 Teacher 表数据的表单 teaform。若要使表的字段值绑定在表单上，可使用如本题所示三种方法。

方法一：使用文本框控件生成器将 teano、teaname 字段添加到表单中；

方法二：使用"控件"工具栏向表单添加 gender、education 字段对应的控件；

方法三：使用数据环境完成添加其他字段对应的控件，最后添加三个命令按钮。

(1) 选择项目管理器中的"文档"选项卡，选择"表单"，单击"新建"按钮，在弹出的对话框中选择"新建表单"，则打开"表单"设计器窗口。

(2) 单击"表单设计器"工具栏上的"数据环境"(或在表单上单击鼠标右键)，打开"数据环境设计器"窗口，同时弹出"添加表或视图"对话框，如图 10.8 所示。选择 teacher，单击"添加"按钮,则可将该表添加到数据环境中,添加成功后单击"关闭"按钮。(说明:在"添加表或视图"对话框中,如果没有找到所要使用的表,可以单击"其他…"按钮,选择其他表,可以是数据库表也可以是自由表,视图也可以作为表单的数据源)。

图 10.8 "添加表或视图"对话框

(3) 单击"表单控件"工具栏上的标签按钮,在表单上按住鼠标左键拖动,表单上则出现 Lable1 对象,修改 caption 属性为"教师工号",按照同样的方法再次添加三个标签控件,(如需多次添加相同控件,可以在"表单控件"工具栏上单击该控件后再单击"锁定"按钮。再次单击"锁定"按钮则解除锁定)将其 caption 属性值分别修改为"教师姓名"、"教师性别"和"教师学历"。按 shift 键的同时单击鼠标左键选中表单上的四个标签,单击表单设计器工具栏 上的布局工具栏 。如图 10.9 所示,单击左对齐按钮 ,再单击相同大小按钮 。标签控件之间的距离自己手动调整。

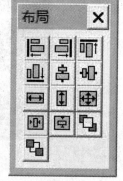

图 10.9 布局工具栏

(4) 单击"表单控件"工具栏上的文本框按钮,并锁定该按钮,在表单上拖动添加四个文本框控件,四个文本框的格式调整同标签的格式调整。

(5) 在文本框 text1 上单击鼠标右键,在弹出的快捷菜单中选择"生成器",则弹出"文本框生成器"对话框,单击"值"选项卡,如图 10.10 所示。单击按钮" ",选择 Teacher.teano,单击"确定"按钮,则 Teacher.teano 字段值绑定在该文本框上,用同样方法将 Teacher.teaname 字段绑定到文本框 text2 上。

实验十　表单的基本操作

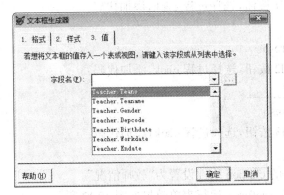

图 10.10 "文本框生成器"对话框

(6) 设置文本框 text3 的 ControlSource 属性为 Teacher.gender，如图 10.11 所示。设置文本框 text4 的 ControlSource 属性为 Teacher.education。

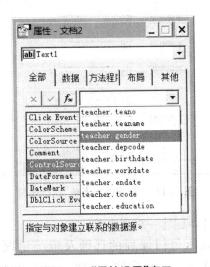

图 10.11 "属性设置"窗口

(7) 在表单上单击右键，在弹出的快捷菜单中选择"数据环境"，从数据环境窗口拖动 birthdate 字段到表单，表单中自动添加一个标签对象和一个文本框对象。查看该标签对象 caption 属性，该属性值自动设置为该字段的标题"birthdate"，将该属性改为"出生日期"，查看文本框对象的 ControlSource 属性值为 Teacher.birthdate。同样方法将表中的 workdate 字段拖动到表单的合适位置，将自动生成的标签控件的 caption 属性值更改为"工作日期"。

(8) 添加三个命令按钮，将其 caption 值属性分别命名为"上一条"、"下一条"和"关闭"，其作用分别为单击时可以使记录指针上移一条和下移一条以及关闭表单。

双击 comand1 按钮,选择过程 click,添加代码:
Skip -1
Thisform.refresh
双击 comand2 按钮,选择过程 click,添加代码:

_____
Thisform.refresh
双击 comand3 按钮,选择过程 click,添加代码:

_____
(9) 将表单 form1 的 caption 属性设置为"教师情况"。
(10) 保存表单名为 teaform,运行表单效果如图 10.12 所示。

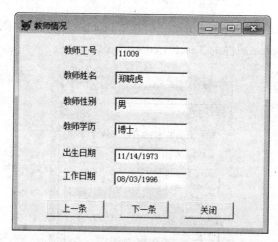

图 10.12 "教师情况表单"运行效果

[实验 10.5] 用表单设计器创建一对多表单

创建表单 scform.scx,显示每门课程的选课及成绩情况,需要用到表 Course 和表 Sscore。用表单生成器添加主表 course 中的 ccode、cname、credits 字段对应的控件,通过在数据环境中建立 Course 和 Sscore 的关系完成两张表的关联。从数据环境中拖动子表 Sscore 表向表单添加显示 Sscore 数据的表格,利用表格的集合属性和计数属性将表格的奇数列设置为黄色,偶数列设置为蓝色。添加三个命令按钮,完成"上一条"、"下一条"、"关闭"的功能。

(1) 新建表单,进入表单设计器,单击"表单设计器"工具栏上的"表单生成器"按钮 (或者在表单上单击右键),弹出"表单生成器"对话框,在"字段选取"选项卡中选定 Course 表的 ccode、cname、credits 字段,按"确定"按钮,如图 10.13 所示。

实验十　表单的基本操作

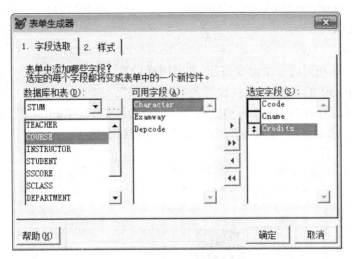

图 10.13　"表单生成器"对话框

(2) 打开数据环境设计器,Course 表已经自动存在数据环境中。在数据环境中添加 Sscore 表,选中表 Course 中的 ccode 字段,按住鼠标左键拖动到表 Sscore 的 ccode 字段上放开鼠标,则弹出如图 10.14 所示对话框,单击确定按钮,则在两张表之间建立了关系。如关系已经在数据库中存在,则在添加表 Sscore 时,该关系会自动创建,不需要拖拽字段。

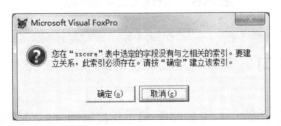

图 10.14　对话框

(3) 在数据环境中按住鼠标左键拖动表 Sscore 的标题栏到表单设计器,出现表格 grdSscore,其中包含表 sscore 的所有字段。

(4) 在表单上双击鼠标,打开代码窗口,选择对象为 form1,过程为 init,在代码窗口输入如下代码：

```
FOR  i=1 to thisform.grdsscore.columncount
    IF i% 2=1
        thisform.grdsscore.columns(i).backcolor=rgb(255,255,0)
    ELSE
```

thisform.grdsscore.columns(i).backcolor=rgb(0,0,255)

  ENDIF

 ENDFOR

(5) 添加同上题相同的三个命令按钮，并做同样设置。

(6) 将表单 form1 的 caption 属性设置为"课程成绩"。

(7) 将该表单保存在 D:\vfpsy\sy10 文件夹下，文件命名为"scform.scx"。运行表单，效果如图 10.15 所示。单击按钮"上一条"、"下一条"查看表单变化。

图 10.15 "课程成绩表单"运行效果

四、思考与练习

1. 建立一个对话框式的表单(无最大化、最小化按钮，不能改变表单大小的模式表单)。

2. 建立一个包含命令按钮、单选按钮组、编辑框、表格对象、下拉列表框等对象的表单，并在每个对象前加入一个标签控件说明其后的对象名称。

实验十一 常用控件的应用(一)

一、实验目的与要求

1. 掌握标签、文本框、命令按钮、命令按钮组、列表框和组合框的功能与用途；
2. 掌握上述常用控件的属性、方法与事件；
3. 培养运用各类控件进行简单程序设计的能力；
4. 掌握为对象编写方法程序的基本过程和建立应用表单的基本方法。

二、实验准备

VFP 启动后，设置 D:\vfpsy\Sy11 文件夹为默认实验目录。

三、实验内容与步骤

[实验 11.1] 标签
新建一个表单，在表单上添加一个标签，运行后，点击标签，实现标签自动向右移动。
(1) 表单设计
在项目 hyit 中新建一个表单，在表单上添加一个标签控件，按表 11-1 所示设置每个对象的属性。

表 11-1 标签的应用

对象	属性	值	说明
表单	Name	FormLabel	
	Caption	标签控件的应用	

(续表)

对象	属性	值	说明
标签	Name	Label1	
	Caption	点我看看	
	Autosize	.T.	
	Fontname	华文行楷	
	Fontsize	18	
	Forecolor	蓝色	

(2) 代码

在标签 label1 的 Click 事件加入下列代码：

thisform.label1.left=thisform.label1.left+50

最后将表单以 formlabel.scx 保存，运行后的表单页面如图 11.1 所示。

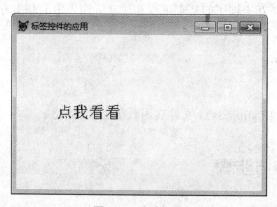

图 11.1 移动标签

[实验 11.2] 文本框

请按图 11.2 规划表单，用文本框接受用户信息的录入。帐号必须是指定的格式，存款金额不得小于 0，在每个项目数据输入后通过回车将光标自动定位到下一个文本框中。

分析：该题主要利用文本框的 InputMask、Format、DateFormat、DateMark 等属性，控制文本框控件的输入与显示格式。

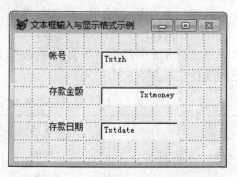

图 11.2 文本框的输入与显示格式示例

(1) 表单设计

在项目管理器中新建一表单,在表单中添加三个标签和三个文本框,并按表 11-2 设置表单及相应控件对象的属性。

表 11-2 表单及相应控件属性设置

对象	属性	值	说明
表单	Name	Txtformat	
	Caption	文本框的输入与显示格式示例	
	MinButton	.F.	
	MaxButton	.F.	
标签 1	Caption	帐号	
标签 2	Caption	存款金额	
标签 3	Caption	存款日期	
文本框 1	Name	Txtzh	
	InputMask	999-99999999-999	
	Format	K	
	TabIndex	6	
文本框 2	Name	Txtmoney	
	InputMask	999,999,999.99	
	Format	K	
	Value	0	
	TabIndex	7	
文本框 3	Name	Txtdate	
	DateFormat	14—汉语	
	DateMark	—	年月日间的分隔符
	Century	1	显示世纪
	Value	=Date()	=号不能省略
	TabIndex	8	

文本框 1 到文本框 3 的 TabIndex 属性设置为三个连续的数值,是为了让表单运行后,在每个数据录完后,单击回车可以自动将光标切换到下一个文本框中。你可以将这三个属性值改为其他值,看表单运行回车后,按回车键的结果。属性设置完成后的页面如图 11.2

所示。

请将表单以文件名 Txtformat.Scx 保存后运行,并仔细观察每个文本框在数据输入前和输入后的变化情况,理解表格中每个属性的作用与意义。

在存款金额文本框中可否输入一个负数,请演示。我们会发现表单是可以接受一个负数存款额的,现实中显然是不可以的,为此我们如何保证,让表单不能接受一个小于 0 的存款呢?

(2) 代码

在表单设计器窗口中,双击 Txtmoney 文本框,打开代码编辑器窗口,在过程下拉列表框中选择"Valid"事件,在此事件中录入以下所示的代码段:

```
If This.Value<=0
    Messagebox('存款金额不可以小于或等于零!',48+0+0)
    Return .F.
Else
    Return .T.
Endif
```

保存后并运行表单,你会发现上述代码的可以限制用户输入一个小于 0 的存款。

[实验 11.3] 命令按钮

请按图 11.3 所示的表单样式设计一个表单,用于显示学生信息。

要求在表单设计器中以手工的方式来完成表单中各个控件的规划和属性的设置,记录的切换用按钮实现。

(1) 表单设计

在项目 Hyit 中新建一个表单,以文件名 Xsview.Scx 保存,在表单的数据环境中添加 Student 表,按图 11.3 所示规划表单,所有对象的属性设置如表 11-3 所示。

表 11-3 学生信息浏览表单中对象属性设置

对象	属性	值	说明
表单	Name	Xsview	只有表单的 ShowTips 为 .T. 时,才能显示表单中 ToolTipText 属性的值。
	Caption	学生基本情况浏览	
	Showtips	.T.	
标签 1	Caption	学　号	学和号间有四空
标签 2	Caption	姓　名	同上
标签 3	Caption	性　别	同上
标签 4	Caption	出生日期	

(续表)

对象	属性	值	说明
文本框 1	Name	Txtstuno	
	ControlSource	Student.Stuno	
文本框 2	Name	Txtstuname	
	ControlSource	Student.Stuname	
文本框 3	Name	Txtgender	
	ControlSource	Student.Gender	
文本框 4	Name	Txtbirthdate	
	ControlSource	Student.BirthDate	
复选框	Name	Chkdy	
	Caption	党　　员	党和员间有四空
	ControlSource	Student.Party	
	Alignment	1—右对齐	
命令按钮 1	Name	Bttop	
	Caption	首记录(\<T)	
命令按钮 2	Name	Btforward	
	Caption	|<	
	TooltipText	上一条记录	
命令按钮 3	Name	Btbackward	
	Caption	>|	
	TooltipText	下一条记录	
命令按钮 4	Name	Btbottom	
	Caption	尾记录(\<B)	
命令按钮 5	Name	Btend	
	Caption	退出(\<E)	

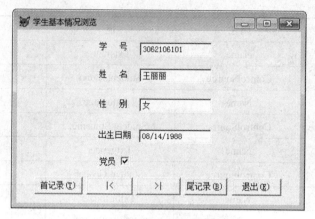

图 11.3 学生基本信息浏览窗口

(2) 代码

在 Bttop 按扭的 Click 事件中添加如下的事件处理代码：
  Select Student
  Go Top
  This.Enabled=.F.
  Thisform.Btforward.Enabled=.F.
  Thisform.Btbackward.Enabled=.T.
  Thisform.Btbottom.Enabled=.T.
  Thisform.Refresh

在 Btforward 按扭的 Click 事件中添加如下的事件处理代码：
  Select Student
  If Bof()
   This.Enabled=.F.
   This.Parent.Bttop.Enabled=.F.
  Else
   Skip -1
  Endif
  Thisform.Btbackward.Enabled=.T.
  Thisform.Btbottom.Enabled=.T.
  Thisform.Refresh

在 Btbackward 按扭的 Click 事件中添加如下的事件处理代码：
  Select Student

```
If Eof()
    This.Enabled=.F.
    Thisform.Btbottom.Enabled=.F.
Else
    Skip 1
Endif
    This.Parent.Bttop.Enabled=.T.
    This.Parent.Btforward.Enabled=.T.
Thisform.Refresh
```
在 Btbottom 按扭的 Click 事件中添加如下的事件处理代码：
```
Select Student
Go Bottom
This.Enabled=.F.
This.Parent.Btbackward.Enabled=.F.
Thisform.Bttop.Enabled=.T.
Thisform.Btforward.Enabled=.T.
Thisform.Refresh
```
在 Btend 按扭的 Click 事件中添加用于退出表单的程序代码：
```
Thisform.Release
```

单击常用工具栏上的保存按钮，以保存当前表单，运行后的表单页面如图 11.3 所示。对于运行后的表单，我们在单击按钮切换记录时，请仔细观察按钮的变化情况，及"上一记录"和"下一记录"工具文本的提示作用，以进一步理解表单中每个对象的属性的作用，及代码中每个语句的功能。

[实验 11.4] 命令按钮组

请打开实验 11.3 中完成的表单文件 Xsview.Scx，以文件名 Xsview1.scx 另存。要求将该表单中切换记录用的命令按钮和"退出"按钮删除，用一个命令按钮组代替这些按钮的功能，并在按钮组中添加一个能添加新记录的按钮，表单页面如图 11.4 所示。

分析：命令按钮组控件是一个容器类控件，其最重要的属性有 ButtonCount 和 Value。其中 ButtonCount 属性可以设置命

图 11.4　学生情况浏览表单之二

令按钮组中按钮的个数;按钮组的 Value 是只读属性,其作用是在表单运行后,当命令按钮组发生相关事件时,通过 Value 返回的值,可以知道是哪一个按钮发生的事件。比如 Value 等于 1 时,可以判断出是第一个按钮发生了相应的事件,以便程序进一步处理。

(1) 表单设计

打开实验环境中的表单文件 Xsview.Scx 文件,以文件名 Xsview1.Scx 另存。删除表单中已有命令按钮,在工具箱中拖一个命令按钮组放入表单中,用鼠标右击该命令按钮组,在弹出的快捷菜单中选择"生成器",在弹出的命令组生成器窗口(如图 11.5 所示)的"按钮"页面中,设置按钮的数目为6,同时按表 11 - 4 设置好每个按钮的标题属性值;在布局选项卡中,选择按钮布局方式为水平,点"确定"按钮关闭命令组生成器窗口。修改按钮的名称属性值时,首先右击按钮组,在弹出的菜单中选择"编辑",然后选择相应的按钮,在属性窗口中修改其名称属性值,设计好后的页面如图 11.4 所示。

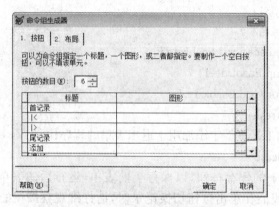

图 11.5　按钮组生成器

表 11 - 4　按钮组中每个按钮的属性设置

对象		属性	值	说明
按钮组 Commandgroup1	按钮 1	Name	Btop	
		Caption	首记录	
	按钮 2	Name	Bpre	
		Caption	|<	
	按钮 3	Name	Bback	
		Caption	>|	

(续表)

对象		属性	值	说明
按钮组 Commandgroup1	按钮 4	Name	Bbottom	
		Caption	尾记录	
	按钮 5	Name	Binsert	
		Caption	添加	
	按钮 6	Name	Bend	
		Caption	退出	

(2) 代码

对于命令按钮组来说,表单运行后,不管哪一个按钮发生了 Click 事件,都会引发命令按钮组的 Click 事件,系统会自动将发生事件的那个按钮的 TabIndex 属性值返回给按钮组的 Value 属性,因此,根据命令按钮组的 Value 值,我们可以判断是哪个按钮发生了 Click 事件。据此,我们可以在表单设计器中,双击表单中的命令按钮组 CommandGroup1,将下面的代码加入到命令按钮组的 Click 事件中。

```
    Select Student
    Do Case
        Case This.Value=1              && 移到首记录
            Go Top
            This.Btop.Enabled=.F.
            This.Bpre.Enabled=.F.
            This.Bback.Enabled=.T.
            This.Bbottom.Enabled=.T.
        Case This.Value=2              && 向上移动记录
            If ! Bof()
                Skip -1
            Else
                This.Bpre.Enabled=.F.
                This.Btop.Enabled=.F.
            Endif
            This.Buttons(3).Enabled=.T.
            This.Buttons(4).Enabled=.T.
```

```
        Case This.Value=3           && 向下移动记录
            If ! Eof()
                Skip
            Else
                This.Buttons(3).Enabled=.F.
                This.Buttons(4).Enabled=.F.
            Endif
            This.Buttons(1).Enabled=.T.
            This.Buttons(2).Enabled=.T.
        Case This.Value=4           && 移到尾记录
            Go Bottom
            This.Btop.Enabled=.T.
            This.Bpre.Enabled=.T.
            This.Bback.Enabled=.F.
            This.Bbottom.Enabled=.F.
        Case This.Value=5           && 添加新记录
            If This.Buttons(5).Caption="添加"
                Locate All For Empty(Stuno)
                If .Not. Found()
                    Append Blank
                Endif
                Locate All For Empty(Stuno)
                This.Buttons(5).Caption="保存"
            Else
                This.Value=4
                This.Buttons(5).Caption="添加"
            Endif
        Otherwise                   && 退出表单
            Thisform.Release
    Endcase
    Thisform.Refresh
```

最后不要忘记要再次保存表单,然后再运行表单。请认真理解实验 11.3 和 11.4 中程序代码。

[实验 11.5] 列表框

按图 11.6 所示样式规划表单,右侧列表框中列表项可以移到左侧列表框中,也可以将

实验十一 常用控件的应用(一)

左侧列表框中的列表项移到右侧,两个命令按钮根据操作逻辑改变它们的可操作状态。

(1) 表单设计

在项目 Hyit 中新建一表单,以文件名 Formlist.Scx 保存,在表单中添加两个列表框和两个命令按钮,按照表 11-5 设置每个对象部分属性的值。

表 11-5 列表框示例表单中的对象属性设置

对象	属性	值	说明
表单	Name	Formlist	
	Caption	列表框示例	
列表框 1	Name	List1	
	RowSourceType	1—值	
	RowSource	北京,南京,上海,成都,淮安,无锡,南通,镇江,江阴,宿迁	
列表框 2	Name	List2	
	RowSourceType	1—值	
命令按钮 1	Name	Rightmove	
	Caption	>>	
	Enabled	.F.	
命令按钮 2	Name	Leftmove	
	Caption	<<	
	Enabled	.F.	

(2) 代码

在表单设计器中双击 Formlist 表单中的右移按钮 Rightmove,在其 Click 事件代码窗口中输入以下程序段:

    If Thisform.List1.Listindex<>0
        Thisform.List2.Additem (Thisform.List1.List(Thisform.List1.Listindex))
        Thisform.List1.RemoveItem (Thisform.List1.Listindex)
        Thisform.Leftmove.Enabled=.T.
    Else
        This.Enabled=.F.
    Endif

在左移按钮 Leftmove 的 Click 事件中添加如下程序代码:

    If Thisform.List2.Listindex<>0

Thisform.List1.Additem (＿＿＿＿＿＿＿＿＿)
    Thisform.List2.Removeitem (Thisform.List2.Listindex)
    ＿＿＿＿＿＿＿＿＿＿＿＿=.T.
  Else
    This.Enabled=.F.
  Endif

为了让程序按正确的操作逻辑运行,在列表框 List1 的 Click 事件中添加如下程序代码,以控制按钮的可访问性：

  If This.Listindex<>＿＿＿＿＿＿＿＿＿＿＿
    Thisform.Rightmove.Enabled=.T.
    Thisform.Leftmove.Enabled=.F.
  Else
    Thisform.Rightmove.Enabled=.F.
    Thisform.Leftmove.Enabled=.T.
  Endif

在列表框 List2 的 Click 事件中添加如下程序代码：

  If This.Listindex<>＿＿＿＿＿＿＿＿＿＿＿
    Thisform.Rightmove.Enabled=.F.
    Thisform.Leftmove.Enabled=.T.
  Else
    Thisform.Rightmove.Enabled=.T.
    Thisform.Leftmove.Enabled=.F.
  Endif

保存表单后运行表单,注意观察表单的运行情况,结合程序,正确的理解每一条语句的功能。

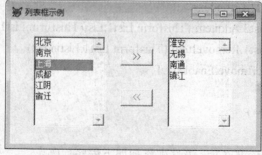

图 11.6 列表框示例表单

实验十一 常用控件的应用（一）

[实验 11.6] 组合框

根据图 11.7 所示规划表单，用组合框列出课程表 Course 中所有课程的课程号和课程名。表单运行后，根据在组合框选择的课程号和课程名，在右侧文本框中列出该课程的其他相关信息。

(1) 表单设计

在项目 Hyit 中新建一个表单，以文件名 Formkc.Scx 保存，在表单的数据环境中添加 Course 表，并将该表中的除 Ccode 和 Cname 以外的字段直接拖放到表单的右侧，并按表 11-6 设置表单及表单中各对象的属性值。

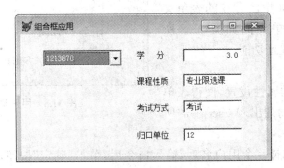

图 11.7 组合框应用

表 11-6 组合框应用表单属性设置

对象	属性	值	说明
表单	Name	Formkc	
	Caption	组合框应用	
组合框	Name	Combo1	
	Style	2	
	ColumnCount	2	
	RowSourceType	6—字段	
	RowSource	Course.Ccode,Cname	
	Value	1	'组合框中的第 1 项被默认选中

(2) 代码

表单运行后，我们会发现当我们在组合框中选择一个新的列表项时，表单中其他控件中显示的记录值并没有发生变化。通过分析，我们可以知道，在组合框中重新选择一个列表项时，表 Course 的当前记录也就发生了变化，这时需要我们在组合框的 InterActiveChange 事件中添加让当前表单刷新的代码,表单刷新,就是重绘表单,表单中的控件也会因此而重绘,控件中的内容当然也就重新显示当前记录的值。

为此,我们在组合框的 InterActiveChange 事件中添加下列语句:

  Thisform.Refresh

在运行表单前,请再次保存该表单,并认真分析运行的结果。

[实验 11.7] 综合应用

11.7 表 Userxx 中有用户名 Xm、密码 Mm 两个字段,而且按用户名 Xm 建立了索引,请打开项目 Hyit 中已存在的表单文件 Usercheck.Scx,表单界面如图 11.8 所示,表单能实现口令验证功能。

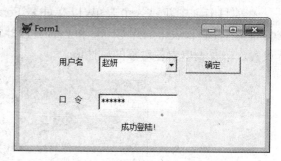

图 11.8 用户登录界面

要求:

1) 请通过相应的属性设置,使得表单运行后,组合框中自动列出表 User 中的所有用户名;

2) 在组合框中选择一个用户名后,输入口令后,单击"确定"按钮,若口令正确,则标签中将显示"口令正确",否则显示"口令错,请重新输入!"。

(1) 表单设置

打开 Usercheck.Scx 文件,先在表单的数据环境中添加 Userxx 表,然后按表 11-7 设置表单中对象的属性。

表 11-7 对象属性设置

对象	属性	值	说明
组合框	RowSourceType	6—字段	
	RowSource	Userxx.Xm	绑定 Xm 字段值

(2) 代码

表单在运行后,用户首先在组合框中选择一个用户名,然后在密码对应的文本框中输入口令,接着单击"确定"命令按钮,实现用户身份的论证。因此在"确定"命令按钮的 Click 事件中,添加一段用户身份验证的代码。

具体的论证过程是:首先根据选择的用户名在用户表 Userxx 中定位到相应的记录去,也就是将该记录作为当前记录,再去判断当前记录的 Mm 字段值是否等于表单中你输入的密码。以下三段程序都能实现上述功能,请分别放入按钮的 Click 事件中,体会一下每段程序的编程思想。

方案 1

    Select Userxx

    If Empty(Thisform.Combo1.Value)

        Messagebox('请选择用户名！')

    Else

        If Mm==Alltrim(Thisform.Text1.Value)

            Thisform.Label3.Caption="成功登录！"

        Else

            Thisform.Label3.Caption="口令错，请重新输入！"

            Thisform.Text1.Value=""

        Endif

    Endif

方案 2

    Select Userxx

    Set Order To Tag Xm

    If Empty(Thisform.Combo1.Value)

        Messagebox('请选择用户名！')

    Else

        Seek Thisform.Combo1.Value

        If Found()

            If Mm==Alltrim(Thisform.Text1.Text)

                Thisform.Label3.Caption="成功登录！"

            Else

                Thisform.Label3.Caption="口令错，请重新输入！"

                Thisform.Text1.Value=""

            Endif

        Endif

    Endif

方案 3

    Username=Alltrim(Thisform.Combo1.Text)

    KL=Alltrim(Thisform.Text1.Value)

    If Empty(Username)

        Messagebox('请选择用户名！')

    Else

```
        If Empty(KL)
            Messagebox('请输入口令！')
        Else
            Select *From Userxx Where Xm==Username And Mm==KL  Into   Cursor Pp
            Select Pp
            If Reccount()<>0
                Tthisform.Label3.Caption="成功登录!"
            Else
                Thisform.Label3.Caption="口令错,请重新输入!"
                Thisform.Text1.Value=""
            Endif
        Endif
    Endif
```

在用户重新选择一个新的用户名后，相应密码文本框中的内容应自动清零，因此需在组合框的 Interactivechange 事件中添加如下的一行语句：

```
        Thisform.Text1.Value=""
```

四、思考与练习

1. 控件的 Enabled 属性、Readonly 属性及 Visible 属性的区别与联系？
2. 建立一个对话框式的表单(无最大化、最小化按钮，不能改变表单大小的模式表单)。
3. 设计一个如图 11.9 所示的表单，用于求两数的最大公约数和最小公倍数。

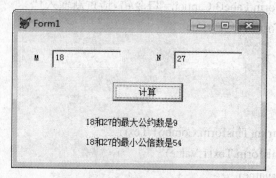

图 11.9　最大公约数与最小公倍数

实验十二 常用控件的应用(二)

一、实验目的与要求

1. 掌握选项按钮组、复选框、编辑框、微调框和表格等控件的功能与用途;
2. 掌握上述常用控件的属性、方法与事件;
3. 培养运用各类控件进行简单程序设计的能力;
4. 掌握为对象编写方法程序的基本过程和建立应用表单的基本方法。

二、实验准备

VFP 启动后,设置 D:\ vfpsy\ Sy12 文件夹为默认实验目录。

三、实验内容与步骤

[实验 12.1] 选项按钮组与复选框

设计一个如图 12.1 所示的表单,将标签中的文字按指定的字体和字形显示。

分析:本题可以综合运用选项按钮组、复选框和标签控件实现。

(1) 表单设计

在项目管理器的窗口中,单击文档选项卡,新建一个表单。在表单中,利用"表单控件"工具栏向表单中添加一个标签对象、四个复选框和一个含有三个选项按钮的选项按钮组,并按表 12-1 完成相应对

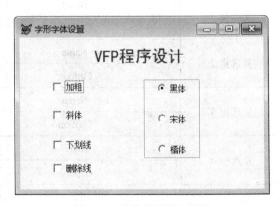

图 12.1 字体字形效果设置

象的属性值设置。

(2) 代码

双击标题为"加粗"的复选框,在其 Click 事件中加入如下所示的代码:

  IF This.Value=1

    Thisform.Label1.Fontbold=.T.

  Else

    Thisform.Label1.Fontbold=.F.

  Endif

表 12-1 字形控制表单及控件属性设置

对象	属性	值	说明
表单	Name	Fontform	
	Caption	字形字体设置	
	FontName	宋体	
	FontSize	16	
	FontBold	.T.	
标签	Name	Label1	
	Caption	VFP 程序设计	
	AutoSize	.T.	
	FontName	黑体	
	FontSize	18	
	ForeColor	蓝色	
复选框 1	Name	Ckbold	
	Caption	加粗	
复选框 2	Name	Ckitalic	
	Caption	斜体	
复选框 3	Name	Ckunderline	
	Caption	下划线	
复选框 4	Name	Ckdelete	
	Caption	删除线	

(续表)

对象	属性		值	说明
选项按钮组 Optiongroup1	Name		Optiongroup1	
	ButtonCount		3	
	按钮1	Name	Option1	
		Caption	黑体	
		TabIndex	1	
	按钮2	Name	Option2	
		Caption	宋体	
		TabIndex	2	
	按钮3	Name	Option3	
		Caption	楷体	
		TabIndex	3	

双击标题为"斜体"的复选框,在其 Click 事件中加入如下所示的一条语句:
This.Parent.Label1.Fontitalic=! This.Parent.Label1.Fontitalic
双击标题为"下划线"的复选框,请在其 Click 事件中,完善相应的程序代码:
_____
双击标题为"删除线"的复选框,请在其 Click 事件中,完善相应的程序代码:
_____
在表单中,双击选项按钮组 OptionGroup1,在其 Click 代码编辑窗口中,加入如下所示的程序代码块:
    Do Case
      Case This.Value=1   && 选择了标题为"黑体"的按钮
        Thisform.Label1.Fontname="黑体"
      Case This.Value=2
        Thisform.Label1.Fontname="宋体"
      Case This.Value=3
        Thisform.Label1.Fontname="楷体 "
    Endcase

最后以文件名 Fontset.Scx 保存,通过运行表单,并结合程序,理解每个对象的属性作用及程序中每条语句的功能与意义。

思考:如果要求将上述 Optiongroup1 按钮组中的代码简化成一条语句,以实现相同的功能,请试着修改!

[实验 12.2] 编辑框

编辑框控件与文本框控件有许多相似之处,通常用于处理长字符串或备注型字段的内容。

新建一个表单,将自由表 Examine.Dbf 文件添加到表单的数据环境中(自由表 Examine.Dbf 中存放了若干四选一的客观选择题)。请按表 12-2 所示添加控件,并设置对象的属性,表单布局如图 12.2 所示。

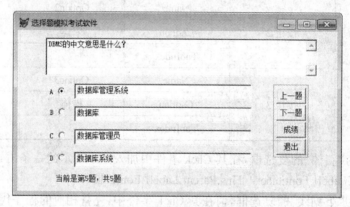

图 12.2 选择题模拟考试界面

分析:这是一个简单的选择题考试模拟软件,我们可以用一个编辑框存放选择题的题目(Question 字段),四个标签显示备选项(A-D 字段),一个选项按钮组记录用户选择的答案,其 Value 属性与表中的用户答案字段 User_Ans 绑定。评分时,分下面两种情况讨论。

User_Ans 与 Answer 字段值相等,说明用户答对;

User_Ans 与 Answer 字段值不等,说明用户答错。

(1) 界面设计

新建一个表单,以文件名 Ecamine.Scx 保存,首先将自由表 Examine 添加到表单的数据环境中,再按照表 12-2 所示,向表单中添加一个编辑框、四个文本框、一组含有四个按钮的选项按钮组、一组切换记录的命令按钮组及一个用于显示提示信息的标签控件,并按要求设置属性的值。

实验十二 常用控件的应用(二)

表 12-2 属性设置

对象	属性	值	说明
表单	Caption	选择题模拟考试软件	
编辑框	Name	Edit1	
	ControlSource	Examine.Question	
	ReadOnly	.T.	
文本 1	Name	Ansa	
	ControlSource	Examine.A	
	ReadOnly	.T.	
文本 2	Name	Ansb	
	ControlSource	Examine.B	
	ReadOnly	.T.	
文本 3	Name	Ansc	
	ControlSource	Examine.C	
	ReadOnly	.T.	
文本 4	Name	Ansd	
	ControlSource	Examine.D	
	ReadOnly	.T.	
选项按钮组 Optiongroup1	ButtonCount	4	
	BorderStyle	0	
	ControlSource	Examine.User_Ans	
	按钮 1	Name	Usera
		Caption	A
	按钮 2	Name	Userb
		Caption	B
	按钮 3	Name	Userc
		Caption	C
	按钮 4	Name	Userd
		Caption	D

(续表)

对象	属性		值	说明
命令按钮组 Commandgroup1	ButtonCount		4	
	按钮1	Caption	上一题	
	按钮2	Caption	下一题	
	按钮3	Caption	成绩	
	按钮4	Caption	退出	
标签1	Caption		空	存放考试成绩

(2) 代码

将下列程序段添加到按钮组的 Click 事件中去。

```
Select Examine
Do Case
    Case This.Value=1
        If ! Bof()
            Skip -1
        Endif
        Thisform.Label1.Caption="当前第"+Alltrim(Str(Recno()))+"题,共" ;
                                +Alltrim(Str(Reccount()))+"题。"
    Case This.Value=2
        If ! Eof()
            Skip
        Endif
        Thisform.Label1.Caption="当前第"+Alltrim(Str(Recno()))+"题,共" ;
            +Alltrim(Str(Reccount()))+"题。"
    Case This.Value=3
        Cj=0
        T=0
        K=Recno()
        Scan All For ! Empty(User_Ans)
            T=T+1
            If Upper(Answer)==Upper(User_Ans)
                Cj=Cj+1
```

实验十二　常用控件的应用(二)

```
          Endif
      Endscan
      Thisform.Label1.Caption="您一共做了"+Str(T,2)+"题,答对了" ;
          +Str(Cj,2)+"题!"
      Y=Messagebox("是否清零后重新做!",4,"重新确认")
      If Y=6
          Replace All User_Ans  With ""
          Goto Top
      Else
          Goto K
      Endif
  Otherwise
      Thisform.Release
  Endcase
  Thisform.Refresh
```

保存后运行表单,根据表单的运行情况,正确理解代码的意思。

[实验 12.3] 微调框

微调框是允许用户通过输入或者单击上下箭头按钮来增加或减少数值的控件。设计一个表单,通过微调框改变标签中显示的文字字号。

(1) 界面设计

在工程项目 Hyit 中新建一个表单,以文件名 changefontsize.scx 保存。在项目中添加一个标签和一个微调框,按表 12-3 设置各对象的属性。

表 12-3　微调框的应用表单属性设计

对象	属性	值	说明
表单	Caption	微调框应用示例	
标签	Name	Label1	
	Caption	计算机科学与技术	
	AutoSize	.T.	
微调框	Name	Spinner1	
	KeyboardLowValue	8	
	KeyboardHighValue	64	
	SpinnerLowValue	8	

对象	属性	值	说明
	SpinnerHighValue	64	
	Increment	4	步长
	Value	16	初始值

(2) 代码

在微调框的 InteractiveChange 事件中,添加下列一行的程序代码:

thisform.label1.fontsize=this.value

最后再次保存表单,运行后的表单如图 12.3 所示。

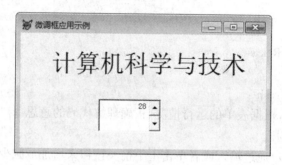

图 12.3 微调框应用示例

[实验 12.4] 表格控件

(1) 利用表格对象输出表中数据

　　a) 在"项目管理器"中选择"表单",单击右侧的"新建"按钮,在"新建表单"对话框中单击"新建表单"按钮,打开"表单设计器"窗口,在表单的数据环境中添加 Teacher 表。

　　b) 在表单上添加一个表格对象,并设置其 RecordSourceType 属性为 1-别名,RecordSource 属性为 Teacher。

　　c) 将表单以文件名 Form1.Scx 保存后运行,并仔细观察运行效果,理解属性设置的作用(运行结果如图 12.4 所示)。

(2) 表格外观设置

　　要求运用表单设计器,给表格中列添加中文标题信息。

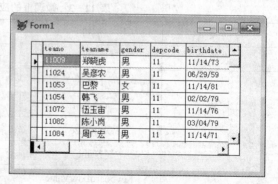

图 12.4 表格控件显示教师信息

a) 在"表单设计器"中新建表单 Form2.Scx,在其数据环境中添加 Teacher 表,并在表单上添加一个"表格"对象,接着右击表单中的"表格"对象,在弹出的快捷菜单中,选择"属性"菜单项,接着在右侧"属性"对话框中设置表格的 ColumnCount 为 9 列;

b) 右击表格对象,在弹出的快捷菜单中选择"编辑"菜单项,此时表格对象被一彩色框包住,再用鼠标单击表格第一列的 Header1 下方的 Ab 处,在属性窗口中将 ControlSource 属性修改为 Teacher.Teano,再单击 Header1,在属性窗口中将 Caption 属性修改为"工号";

c) 按照步骤 b 修改表格中的其它列,运行后的效果如图 12.5 所示。

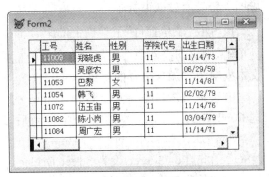

图 12.5 具有中文标题列的教师表单

(3) 列的动态属性

要求将表单 Form2.Scx 表格中的女生用红色、粗体、12 磅突出显示。

a) 用表单设计器打开 Form2.Scx;

b) 将下列代码添加到表格对象的 Init 事件中;

  This.Column3.Dynamicforecolor ="Iif(Gender=' 女 ', _____ , RGB(0,0,0))"
  This.Column3.Dynamicfontbold ="Iif(_____ ,.T., _____)"
  This.Column3.Dynamicfontsize ="Iif(Gender=' 女 ', _____ ,10)"

c) 保存并运行表单,结合上述代码,仔细观察运行效果(图 12.6)。

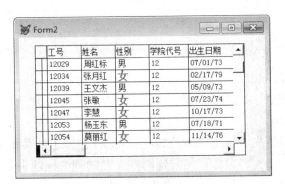

图 12.6 具有动态列的教师表单

(4) 修改表格列中的控件

在系统默认情况下,表格一般用文本框显示数据,但是在某些情况下,用文本框显示和输入数据不太恰当。好在系统允许用户向表格列对象中添加其他控件显示数据。本例以表单 Form2.Scx 为例,将其表格中的第三列(性别)用组合框显示和输入数据为例,说明具体的操作过程。修改后的表单效果如图 12.7 所示。

a) 打开表单 Form2.Scx,右击"表格"对象,选择"编辑"菜单项,表格会被一个彩框包围,说明表格处于可编辑状态;

b) 单击"表单控件"工具栏上的组合框控件,然后在表格对象的性别列 Column3 的 Ab 处单击,则该列控件中会添加了一个组合框控件,性别列也就包含了列标题头对象 Header1、文本框对象 Text1、组合框对象 Combo1;

c) 在属性窗口中,将性别列 Column3 的 CurrentControl 属性设置为 Combo1,完成用组合框 Combo1 的来显示性别的字段值,运行后,还不能用组合框完成数据的输入;

d) 在属性窗口中,选择 Column3 列的组合 Combo1 对象,将其 RowSourceType 设为 3-SQL 语句,RowSource 设为 Select Distinct gender From Teachers Into Cursor temp,完成组合框的初始化工作,表单运行后,可以在组合框中选择数据,完成数据的录入、修改工作。

e) 保存并运行表单,仔细观察表单运行效果,理解上述每一步的作用。

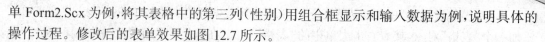

图 12.7 列中控件的修改

(5) 调整表格中列的顺序

表格中列的顺序和表中字段的顺序一样,先后顺序是不重要的,可以根据需要进行修改。

具体的修改步骤是:先右击要修改的"表格"对象,在弹出的菜单上选择"编辑",让表格对象处于可编辑状态;接着将鼠标移到需要调整位置的列的标题头部,在鼠标处于黑色向下的粗箭头时,按住左键,拖到指定的位置放开就可以了。

(6) 删除表格中的列

a) 用"表单设计器"打开表单 Form2.Scx;

b) 在"属性"窗口中选择"部门"列所对应的列对象 Column4,并用鼠标单击表单上的表格,然后按键盘上的 Delete 键,屏幕出现提示信息"移去列及其所含对象?",单击"是"按钮,

实验十二　常用控件的应用(二)

"部门"列即被删除。

　　c) 保存并运行表单。

四、思考与练习

　　1. 容器控件 Container 的主要作用是什么？请课后设计一个正确使用 Container 控件的表单。

　　2. 对于一对多表单，子表记录是否会随着主表变化而变化？主表记录是否随子表记录的变化而变化？

实验十三　常用控件的应用(三)

一、实验目的与要求

1. 掌握页框、线条、形状、图像与计时器等控件的功能与用途；
2. 掌握上述常用控件的属性、方法与事件；
3. 培养运用各类控件进行简单程序设计的能力；
4. 掌握为对象编写方法程序的基本过程和建立应用表单的基本方法。

二、实验准备

VFP 启动后，设置 D:\vfpsy\Sy13 文件夹为默认实验目录。

三、实验内容与步骤

[实验 13.1] 页框控件

设计一个如图 13.1 所示一对多关系的表单。

要求：从学生页面可以浏览学生的学号和姓名，成绩页面则显示当前学生选修的所有课程的成绩，当在成绩表中选择一个记录后，课程页面则会显示学生选修的课程信息。

分析：该题主要涉及两方面的知识点，一是页框控件的灵活应用；

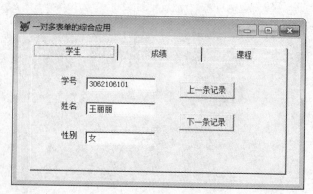

图 13.1　一对多关系的表单

二是表和表间一对多关系的应用和理解。

(1) 表单设计

在项目管理器中新建一个表单,并以文件名 Relation.Scx 保存。在表单的数据环境中依次添加学生表 Student、成绩表 Sscore 和课程表 Course,并按图 13.2 所示建学生表和成绩表间的一对多的关系。

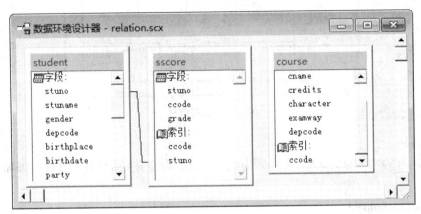

图 13.2　表单数据环境

a) 从"表单控件"工具栏中拖一个页框 PageFrame1 放到表单中,将其 PageCount 属性设为 3,三个页面的 Caption 属性分别设为"学生"、"成绩"和"课程"。从数据环境中将"学生"表中的 Stuno、Stuname 和 Gender 字段拖放到标题为"学生"的页面中去。再在该页面中添加两个名称分别为 Command1 和 Command2 的命令按钮,运行后的效果如图 13.1 所示;

b) 从数据环境中将 Score 整个表拖放到标题为"成绩"的页面中去,表单效果如图 13.3 所示。

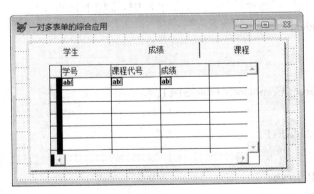

图 13.3　成绩页面

c) 从数据环境中,将 Course 表的字段逐个拖放到标题为"课程"的页面中去,效果如图 13.4 如示。

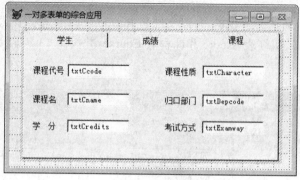

图 13.4 课程信息

(2) 代码

在标题为"学生"的页面中,给标题为"上一记录"命令按钮的 Click 事件中添加下列程序代码:

  Select Student
  If ＿＿＿＿＿＿
   Skip -1
   This.Parent.Command2.Enabled=.T.
  Else
   This.Enabled=.F.
  Endif
  Thisform.Refresh

给标题为"下一记录"命令按钮的 Click 事件中,添加下列程序代码:

  Select Student
  If ＿＿＿＿＿＿
   Skip
   This.Parent.Command1.Enabled=.T.
  Else
   This.Enabled=.F.
  Endif
  Thisform.Refresh

在页框 Pageframe1 的 Click 事件中,添加下列程序代码,以保证在成绩表中选择一个记录后,"课程"页面将会显示成绩表中当前选修课程的课程信息。

实验十三 常用控件的应用(三)

```
        If This.Activepage=3
            Select Sscore
            Kcdh=Ccode
            Select Course
            Locate All For Ccode==Kcdh
            If ! Found()
                Goto Bottom
            Endif
        Endif
        Thisform.Refresh
```

保存表单后运行,并仔细观察,分析上述代码的作用。

[实验 13.2] 计时器控件

在项目中新建一个表单以文件名 Showtime.Scx 保存,在表单中利用计时器控件在标签中显示当前时间。

分析:计时器有两个重要的属性,分别是 Enabled 和 Interval,为了达到在标签中同步显示当前时间的目的,可以将计时器的 Interval 属性设为 1000ms,然后在计时器的 Timer 事件中将计算机系统时间赋给标签的 Caption 就可以了。

(1) 表单设计

按表 13-1 设置好表单和控件的属性。

表 13-1 表单及控件属性设置

对象	属性	值	说明
表单	Caption	计时器的应用	
标签	Name	Ltime	
	Caption	空	
	Autosize	.T.	
计时器	Name	Timer1	
	Interval	1000	
	Enabled	.F.	
命令按钮	Name	Cmdok	
	Caption	开始	

(2) 代码

在命令按钮 Cmdok 的 Click 事件中添加下列程序代码,以实现操纵计时器的开始和结束。

  If This.Caption="开始"

  _____

  This.Caption="结束"

Else

  _____

  This.Caption="开始"

Endif

将下列程序代码放入计时器的 Timer 事件中,实现在标签中同步显示当前系统的时间。

  This.Parent.Ltime.Caption=Time()

在保存表单后运行,注意观察运行结果(图 13.5),并体会上述事件中代码的作用。

图 13.5　计时器的应用

[实验 13.3]　线条控件

修改表单 Showtime.Scx,要求运行后,在时间下面显示一根蓝色的线。

(1) 表单设计

打开表单 Showtime.Scx,以文件名 Showtime_line.Scx 另存表单。在表单中,标签的下面添加一个线条控件 Line1,并按照表 13－2 进行属性设置。

表 13－2　表单及控件属性设置

对象	属性	值	说明
表单	Caption	线条控件的应用	
线条控件	Name	Line1	
	Visible	.F.	
	Bordercolor	红色	

(2) 代码

首先将下面的一段代码添加到表单的 Init 事件中,完成线条控件在表单中的位置和大小等初始化工作。

  This.Line1.Width=50

  This.Line1.Left=This.Ltime.Left

  This.Line1.Top=This.Ltime.Top+This.Ltime.Height

  其次修改命令按钮 Cmdok 的 Click 事件，让线条对象和时间同步显示和隐藏，请完善下列程序段后将其加到 Cmdok 的 Click 事件中去。

  If This.Caption="开始"

   This.Caption="结束"

   Thisform.Timer1.Enabled=.T.

   _____

  Else

   This.Caption="开始"

   Thisform.Timer1.Enabled=.F.

   _____

  Endif

保存后运行表单，结果如图 13.6 所示。

图 13.6 线条控件的应用

[实验 13.4] 形状控件

  在项目中新建一个表单文件 CircleChange.Scx，在表单中添加一个 Container 类控件 C1，在 C1 中放了一个图形控件 Shape1，再添加一个计时器控件 Timer1，如图 13.7 所示。

  要求：程序运行时，单击"开始"按钮，命令按钮标题变为"结束"，同时圆开始渐渐变大；当直径大于容器的边框时，圆渐渐变小；当直径小于 20 时，再次变大，如此反复；当单击"结束"按钮时，圆停此变化，同时命令按钮标题重新变为"开始"。

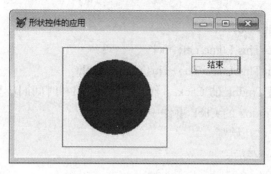

图 13.7 动态改变大小的圆

分析:本题主要采用 Shape 控件,将其 Curvature 属性设为 99,Height 和 Width 设为相等时,其外观可显示为圆;运行后,通过代码将 Shape 控件的 Height 和 Width 属性值同步放大或缩小,就可以实现圆的动态变化了。

(1) 表单设计

在项目 Hyit 中新建一个表单,以文件名 CircleChange.Scx 保存,从"表单控件"工具栏中拖放一个容器类控件、计时器和一个命令按钮到表单上,再放置一个形状控件到容器对象中,并按表 13－3 设置属性的值。

表 13－3　表单及控件属性设置

对象	属性	值	说明
表单	Caption	图形控件的应用	
容器控件	Name	C1	
	Width	200	
	Height	200	
	Bordercolor	红色	
图形控件	Name	Shape1	
	Curvature	99	
	Bordercolor	蓝色	
	Borderstype	1－实线	
	Fillcolor	蓝色	
	Fillstype	0－实线	
	Width	40	

实验十三　常用控件的应用(三)

(续表)

对象	属性	值	说明
	Height	40	
	Left	80	
	Top	80	
命令按钮	Name	Cmd1	
	Caption	开始	
计时器	Name	Timer1	
	Interval	200	
	Enabled	.F.	

(2) 代码

在表单的 Init 事件中定义一个全局变量 T，并完成变量 T 的初始化工作，变量 T 的作用是决定圆直径改变的大小。

　　Public T
　　T=10

再模仿实验 13.2 中的命令按钮的 Click 事件过程，给本表单中的命令按钮 Cmd1 的 Click 事件，加入一段程序代码，完成计时器的启动和停止。

在计时器 Timer1 的 Timer 事件中，添加下列程序代码，完成 Shape 控件的改变。程序不完整，请完善。

　　If Thisform.C1.Shape1.Height>Thisform.C1.Height ；
　　　　Or Thisform.C1.Shape1.Height<20
　　　　_____
　　Endif
　　Thisform.C1.Shape1.Top=Thisform.C1.Shape1.Top-T/2
　　Thisform.C1.Shape1.Left=_____

Thisform.C1.Shape1.Height=Thisform.C1.Shape1.Height+T

Thisform.C1.Shape1.Width=＿＿＿＿＿＿

保存后运行表单，仔细观察运行结果，分析、理解事件中代码的作用。

[实验 13.5]　图像控件

设计如图 13.8 所示的调色板页面（各对象的大小、布局大致如图），表单运行后通过单击三个微调框箭头，改变图像控件的背景颜色。

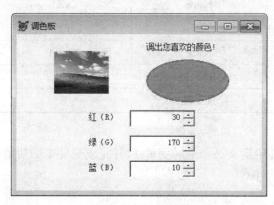

图 13.8　调色板表单窗口

(1) 表单设置

在项目中新建一个表单，并以文件名 Changecolor.Scx 保存，再按照表 13－4 所示添加控件和属性设置。

表 13－4　表单属性设置

对象	属性	值	说明
表单	Name	Tsbform	
	Caption	调色板	
图象控件	Name	Image1	请分别感受一下 Strectch 为 0、1、2 时，界面效果的区别与联系！
	Strectch	2	
	Picture	Bliss.bmp	
	BackStyle	1－不透明	
标签 1	Caption	调出您喜欢的颜色！	请体验 Curvature 为 1－99 不同值时该控件的外形！
形状控件	Name	Shape1	
	Curvature	99	

(续表)

对象	属性	值	说明
标签2	Caption	红（R）	
标签3	Caption	绿（G）	
标签4	Caption	蓝（B）	
微调框1	Name	Spred	
	SpinnerLowValue	0	
	SpinnerHighValue	255	
	Increment	10	
微调框2	Name	Spgreen	
	SpinnerLowValue	0	
	SpinnerHighValue	255	
	Increment	10	
微调框3	Name	Spblue	
	SpinnerLowValue	0	
	SpinnerHighValue	255	
	Increment	10	

(2) 代码

在微调框 Spred 控件的 InteractiveChange 事件中添加以下一条语句：

  Thisform.Shape1.Backcolor =RGB(This.Value,Thisform.Spgreen.Value, ;
    Thisform.Spblue.Value)

请完善微调框 Spgreen 控件 InteractiveChange 事件中的语句代码：

  Thisform.Shape1.Backcolor=RGB(_____,_____,_____)

请完善微调框 Spblue 控件 InteractiveChange 事件中的语句代码：

  Thisform.Shape1.Backcolor=RGB(_____,_____,_____)

在运行表单前，再次保存表单文件。运行后，认真观察，掌握每个对象的主要属性作用，及事件中代码的意义。

四、思考与练习

1. 图形控件的 Curvature 属性对形状控件有何影响？请设计一个包含一个微调框控件和一个形状控件的表单（如图 13.9 所示）。要求在表单的运行过程中形状控件的 Curvature 属性由微调框控制。

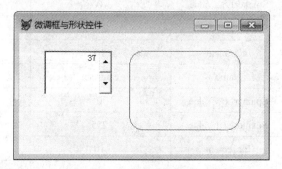

图 13.9　形状控件与微调框

2. 打开表单环境中已存在的表单文件 Stuno.Scx，界面如图 13.10 所示，请对"开始"按钮及计时器编写适当的事件代码，实现自动选取学生的学号功能，要求如下：

（1）单击"开始"按钮后，此按钮标题变为"停止"，同时计时器被激活，文本框 Text1 每隔 50 毫秒顺序滚动显示存放于表 Student.Dbf 中的 Stuno 数据（注：从第一条记录的 Stuno 字段显示到最后一条记录的 Stuno 字段，再回到第一条记录继续滚动显示）；

（2）单击"停止"按钮，则停止滚动显示，按钮标题变为"开始"，此时文本框中显示最后出现的学生 Stuno 字段值。

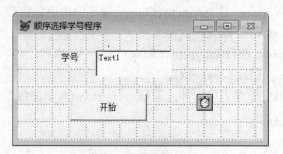

图 13.10　自动选号表单界面

实验十四 创建类

一、实验目的和要求

1. 理解类层次和容器层次的概念；
2. 掌握类设计器的使用方法；
3. 掌握将自定义类添加到表单的方法。

二、实验准备

VFP启动后，设置D:\vfpsy\sy14文件夹为默认实验目录。

三、实验内容与步骤

[实验14.1] 创建类及类库
操作步骤如下：
（1）启动"类设计器"。
方法一：在"项目管理器"中创建菜单。
在"项目管理器"窗口中选择"类"选项卡，单击"新建"按钮，显示"新建类"对话框。
方法二：菜单方式。
选择菜单"文件"→"新建"，在"新建"对话框中选中"类"选项，单击"新建文件"按钮，显示"新建类"对话框。
（2）按图14.1设置"新建类"对话框，单击"确定"按钮，即可在默认实验目录中创建一个包含自定义命令按钮组类stubutton的类库文件stucls.vcx，同时打开"类设计器"窗口，用于编辑自定义命令按钮组类stubutton。

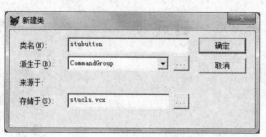

图 14.1 "新建类"对话框

图 14.2 类设计器窗口

(3) 设置按钮组的 ButtonCount 属性为 5,调整按钮组的高度,以全部显示所有按钮。

(4) 设置各按钮的标题 Caption 属性分别为"首记录"、"上记录"、"下记录"、"末记录"、"退出",如图 14.2 所示。

(5) 为命令按钮组设置 click 事件过程处理代码:

```
Do Case
    Case this.Value=1
        Go Top
    Case this.Value=2
        If ! Bof()
            Skip -1
        Endif
    Case this.Value=3
        If ! Eof()
            Skip
        Endif
    Case this.Value=4
        Go Bottom
    Case this.Value=5
        thisform.Release
Endcase
this.Command1.Enabled=! Bof()
this.Command2.Enabled=! Bof()
this.Command3.Enabled=! Eof()
this.Command4.Enabled=! Eof()
```

实验十四 创建类

    If this.Value !=5
     thisform.Refresh
    Endif
（6）保存后关闭"类设计器"窗口。

[实验 14.2] 设计表单时另存为类

操作步骤如下：

在"表单设计器"中打开表单 relation.scx，选中其中的页框控件 Pageframe1。选择"文件"菜单中的"另存为类"，弹出"另存为类"对话框，按图 14.3 设置。单击"确定"按钮，即可在已经存在的类库文件 stucls.vcx 中添加一个新的自定义页框类 Pgframe。

图 14.3 "另存为类"对话框

[实验 14.3] 将自定义类添加到表单中

在"表单设计器"中打开表单 xsview.scx，删除命令按钮组控件 Commandgroup1。下面几种方法皆可将自定义类 stubutton 添加到表单 xsview.scx。

方法一：从项目管理器中拖放类到表单设计器

（1）移动"表单设计器"和"项目管理器"窗口，使得两个窗口均可见。在"项目管理器"中选择"类"选项卡，展开 stucls 类库。

（2）拖动 stucls 类库中的 stubutton 命令按钮类到表单设计器中的表单区域中，则在表单中即创建了一个名为 Stubutton1 的命令按钮组控件。

方法二：将类控件添加到"表单控件"工具栏中，再添加至表单。

（1）打开"表单控件"工具栏，单击其中的"查看类"工具按钮，出现下拉菜单（图 14.4），选择其中的"添加"菜单项，弹出"打开"对话框，选中 stucls.vcx，单击"打开"。此时"表单控件"工具栏变为图 14.5 所示，类控件以图标显示。

（2）单击"表单控件"工具栏中的命令按钮组图标，在表单中拖放，即创建一个名为 Stubutton1 的命令按钮组控件。

（3）单击"表单控件"工具栏中的"查看类"按钮，在下拉菜单中选择"常用"菜单项，则恢复系统标准的基类控件。

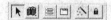

图 14.4　查看类下拉菜单　　　　　图 14.5　自定义类已添加至工具栏

[实验 14.4]　指定数据库表字段的默认显示类

操作步骤如下：

（1）用"表设计器"打开 Student 表，选择 party 字段，在"匹配字段类型到类"区域的"显示库"下列列表框中选择"Checkbox"，如图 14.6 所示。单击"确定"按钮。

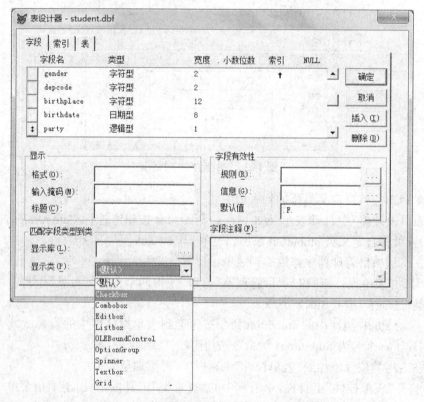

图 14.6　指定数据库表字段的默认显示类

（2）新建一个表单，将 Student 表添加到数据环境中。从数据环境中将 party 字段拖到表单上，系统将会为 party 字段创建一个复选框，而不是文本框。

实验十四 创建类

四、思考与练习

1. 如何将一个设计好的表单定义成一个自定义类？
2. 为数据库表的字段指定显示类有何作用？

实验十五　创建报表

一、实验目的与要求

1. 掌握利用报表向导创建报表的方法；
2. 掌握使用报表设计器来建立、修改报表的方法；
3. 了解使用标签向导创建标签的方法。

二、实验准备

VFP 启动后，设置 D:\vfpsy\sy15 文件夹为默认实验目录。

三、实验内容与步骤

[实验 15.1]　使用报表向导创建简单报表

题目：利用"报表向导"建立一个以 Teacher 表为基础的报表，要求以 Depcode 字段为单位分组，在分组末尾显示每个系部的教师人数。

操作步骤如下：

（1）启动报表向导

方法一：在"项目管理器"中创建报表。

打开项目文件 hyit.pjx，在"项目管理器"窗口中选择"文档"选项卡，选择其中的"报表"类别，单击"新建"按钮，在"新建报表"对话框（如图 15.1 所示）中选择"报表向导"，在"向导选取"对话框（如图 15.2 所示）中选择"报表向导"，单击"确定"按钮。

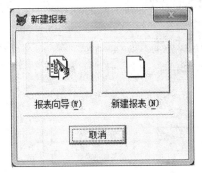
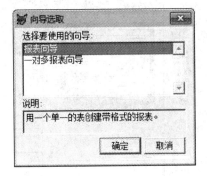

图 15.1 "新建报表"对话框　　　　图 15.2 报表"向导选取"对话框

方法二:使用"文件"菜单创建报表。

选择菜单"文件"→"新建",在"新建"对话框中选中"报表",单击"向导"按钮,选中"报表向导",单击"确定"按钮。

(2) 步骤 1——字段选取:选取 Teacher 表的所有字段,如图 15.3 所示。

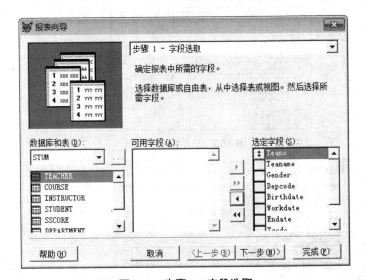

图 15.3 步骤 1—字段选取

(3) 步骤 2——分组记录:分组依据选择 Depcode 字段,如图 15.4 所示。单击"总结选项"按钮,在"总结选项"对话框(如图 15.5 所示)中选择按 Teano 字段进行计数,单击"确定"。

(4) 步骤 3——选择报表样式:选择"简报式",如图 15.6 所示。

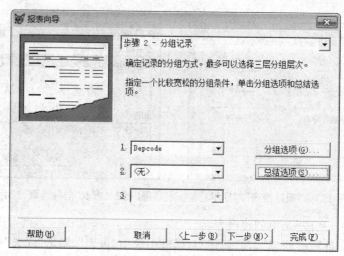

图 15.4　步骤 2—分组记录

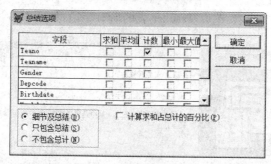

图 15.5　总结选项对话框

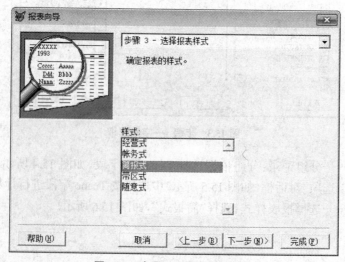

图 15.6　步骤 3—选择报表样式

(5) 步骤 4——定义报表布局:选取方向为"横向",如图 15.7 所示。

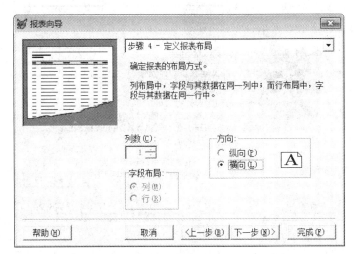

图 15.7 步骤 4—定义报表布局

(6) 步骤 5——排序记录:选择按 Teano 字段排序,如图 15.8 所示。

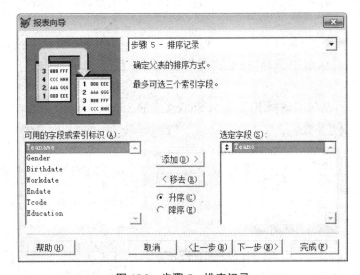

图 15.8 步骤 5—排序记录

(7) 步骤 6——完成。将报表标题设为"教师基本信息报表",如图 15.9 所示。单击"预览"按钮可浏览报表。如果效果良好可以在该步骤选择"保存报表以备将来使用",也可在满意的前提下选择"保存并打印报表",否则选"保存报表并在报表设计器中修改报表"。

单击"完成"按钮,在"另存为"对话框中输入文件名为 tcnt.frx,单击"保存"按钮。

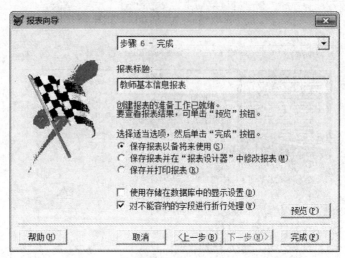

图 15.9 步骤 6—完成

[实验 15.2] 使用一对多报表向导创建基于多表的报表

题目：利用"一对多报表向导"建立一个以 Student 表和 Sscroe 表为基础的报表，要求以 stuno 为单位分组显示每个同学选修的所有课程成绩，并在分组末尾显示平均成绩。

操作步骤如下：

（1）在"项目管理器"窗口中选择"文档"选项卡，选择其中的"报表"类别，单击"新建"按钮，在"新建报表"对话框中选择"报表向导"，在"向导选取"对话框中选择"一对多报表向导"，单击"确定"按钮。

（2）步骤 1——从父表选择字段：选取 Student 表的 Stuno、Stuname 字段，如图 15.10 所示。

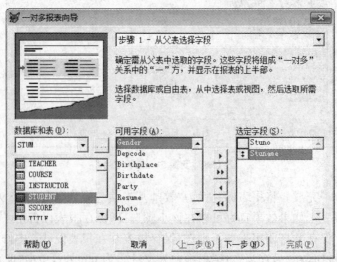

图 15.10 步骤 1—从父表选择字段

(3) 步骤 2——从子表选择字段：选取 Sscroe 表的 Ccode、Grade 字段，如图 15.11 所示。

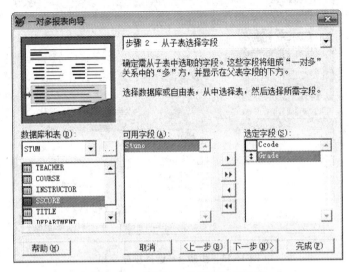

图 15.11　步骤 2—从子表选择字段

(4) 步骤 3——为表建立关系：使用默认设置，即两表之间的相关字段为"stuno"，如图 15.12 所示。

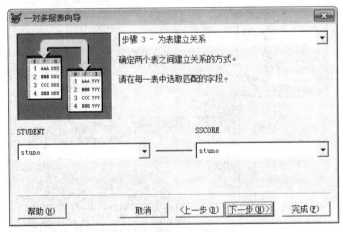

图 15.12　步骤 3—为表建立关系

(5) 步骤 4——选择排序字段：选择按 Stuno 字段排序，如图 15.13 所示。

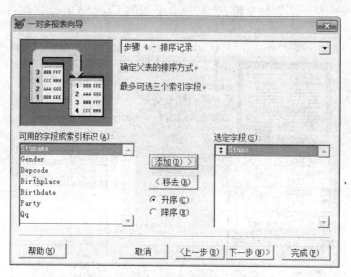

图 15.13　步骤 4——选择排序字段

(6) 步骤 5——选择报表样式：选择"帐务式"，如图 15.14 所示。单击"总结选项"按钮，在"总结选项"对话框中选择对 Grade 字段求平均值，单击"确定"。

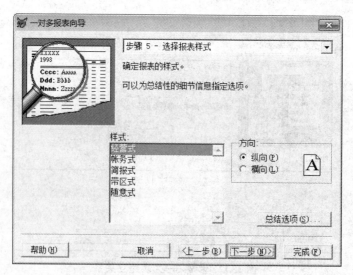

图 15.14　步骤 5——选择报表样式

(7) 步骤 6——完成：将报表标题设为"学生选修课程成绩报表"，如图 15.15 所示。预览报表后单击"完成"按钮，将报表保存为"stuscroe.frx"。

实验十五　创建报表

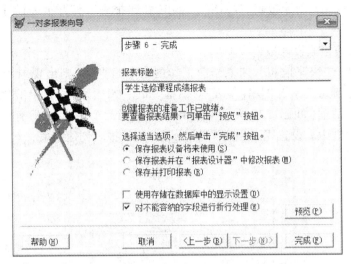

图 15.15　步骤 6—完成

[实验 15.3]　使用快速报表创建报表

题目：为 Student 表创建快速报表，其中只选取 Student 表前七个字段。创建后的快速报表如图 15.16、图 15.17 所示。

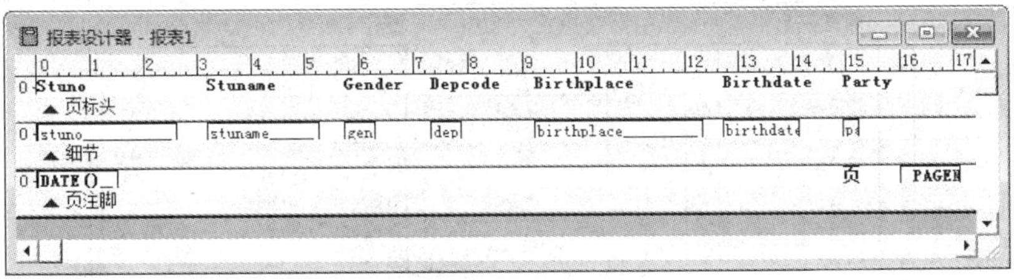

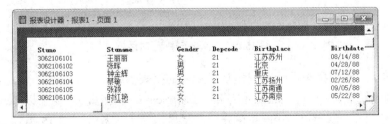

图 15.16　完成的快速报表

图 15.17　预览的快速报表

操作步骤如下：

（1）打开报表设计器

在图 15.1 所示的"新建报表"对话框中单击"新建报表",打开报表设计器,出现一个空白的报表。

(2) 进入快速报表设计报表

"报表"菜单→"快速报表",如果当前工作区中未打开表,则出现"打开"对话框,选择 Student 表,单击"确定",弹出"快速报表"对话框(如图 15.18 所示)。单击"字段"按钮,打开"字段选择器"对话框(如图 15.19 所示),将 Student 表前七个字段从"所有字段"列表框移到"选定字段"列表框中。设置完成并两次"确定"后,快速报表创建结束。

图 15.18 "快速报表"对话框

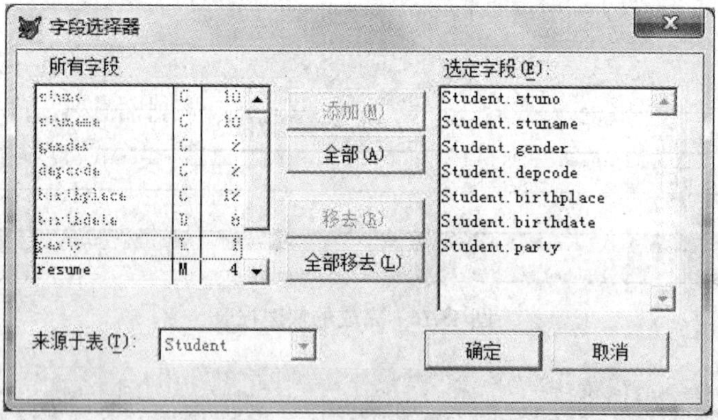

图 15.19 "字段选择器"对话框

[实验 15.4] 使用报表设计器创建基于多表的报表

题目:利用报表设计器为 Student 表和 Department 表创建报表,要求以 depcode 字段为单位分组显示每个学院学生名单,并在分组末尾显示学生人数。如图 15.20 所示。

操作步骤如下:

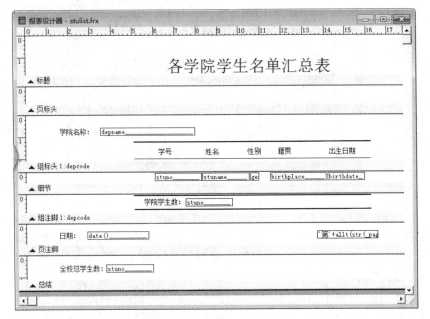

图 15.20　使用报表设计器创建基于多表的报表

(1) 打开报表设计器

在"项目管理器"窗口中选择"文档"选项卡，选择其中的"报表"类别，单击"新建"按钮，在"新建报表"对话框中选择"新建报表"。

(2) 为报表添加数据环境。

右击报表设计器窗口，选择快捷菜单中的"数据环境"选项，打开"数据环境设计器"窗口。右击"数据环境设计器"窗口，选择快捷菜单中的"添加"选项，将 Department 表和 Student 表添加到数据环境设计器中。

将 Department 表的 depcode 字段拖曳到 Student 表的 depcode 字段上（说明：若弹出如图 15.21 对话框，则单击"确定"按钮），即自动为 Student 表创建索引。在如图 15.22 的"数据环境设计器"中可看到两表间已建立了临时关系。右击关系连线，选择"属性"菜单，在属性窗口中选择对象名为关系 Relation1，将其 OneToMany 属性值设置为 .T.。

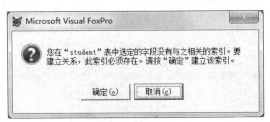

图 15.21　提示对话框

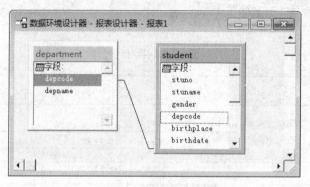

图 15.22　数据环境设计器

(3) 从数据环境中将 Student 表的 stuno、stuname、gender、birthplace、birthdate 字段分别拖动到细节带区，即自动创建五个域控件。调整字段的布局（提示：可以通过"布局"工具栏）。如图 15.20 所示。

(4) 选择"报表"菜单中"数据分组"，打开"数据分组"对话框（如图 15.23 所示），单击分组表达式后的按钮，弹出"表达式生成器"对话框，在"字段"中双击选择 Student.depcode，单击"确定"按钮，返回"数据分组"对话框，选中"每页都打印组标头"复选框，单击"确定"按钮，完成分组设置。

图 15.23　"数据分组"对话框

(5) 调整"组标头带区"和"组注脚带区"的高度。把数据环境中 Department 表的

depname 字段拖动到"组标头带区",把 Student 表的 stuno 字段拖动到"组注脚带区"。双击组注脚带区中的 stuno 控件,弹出"报表表达式"对话框(如图 15.24 所示),单击"计算"按钮,弹出如图 15.25"计算字段"对话框,选择"计数"选项,单击"确定"按钮,再单击图中的"确定"按钮。

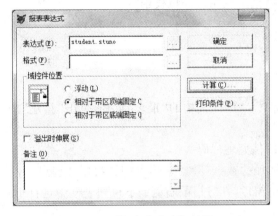 

图 15.24 "报表表达式"对话框　　　　图 15.25 "计算字段"对话框

(6) 选择"报表"菜单中的"标题/总结",在图 15.26 的对话框中选中"标题带区"和"总结带区"选项,单击"确定"按钮返回。

图 15.26 "标题/总结"对话框　　　图 15.27 "报表控件"工具栏

(7) 利用"报表控件"工具栏(如图 15.27 所示),在标题带区处添加"标签"控件,输入"各学院学生名单汇总表"。选择"选定对象"工具,选中该标签控件,选择菜单"格式"→"字体",设置二号字体。在组标头、组注脚、页注脚、总结带区中分别添加"标签"控件,按图 15.20 输入相应内容。

从数据环境中把 Student 表的 stuno 字段拖到总结带区,双击该控件,在弹出"报表表达式"对话框中单击"计算",在"计算"对话框中选择"计数",确定返回。

(8) 利用"报表控件"工具栏在页注脚带区添加"域控件",出现"报表表达式"对话框,在

"表达式"文本框中输入"date()",单击"确定"按钮。

再添加一个域控件,在"表达式"文本框中输入"' 第 '+allt(str(_pageno))+' 页 '",单击"确定"按钮即可。

(9) 在组标头、组注脚带区中分别添加"线条"控件。选中部分线条,再打开"格式"菜单,选择"绘图笔"子菜单下的"2磅",即可将选中线条改为粗线条。

(10) 保存报表为 stulist.frx,并预览。

[实验 15.5] 创建基于查询的报表

操作步骤如下:

(1) 打开报表设计器

在"项目管理器"窗口中选择"文档"选项卡,选择其中的"报表"类别,单击"新建"按钮,在"新建报表"对话框中选择"新建报表"。

(2) 为报表数据环境的 Init 事件设置事件处理代码。

右击报表设计器窗口,选择快捷菜单中的"数据环境"选项,打开"数据环境设计器"窗口。双击"数据环境设计器"窗口,打开代码窗口,在"过程"右侧的下拉列表框中选择 Init 事件,按图 15.28 输入事件处理代码。

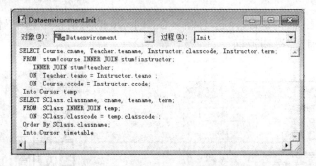

图 15.28 "数据环境"的 Init 事件处理代码

(3) 利用"报表控件"工具栏在页标头带区添加四个"标签"控件,内容分别为"班级"、"课程"、"教师"、"学期"。

利用"报表控件"工具栏在细节带区添加"域控件",在"报表表达式"对话框的"表达式"文本框中输入"cname"。用相同的方法再添加三个"域控件","表达式"分别为"Timetable.teaname"、"Timetable.classname"、"Timetable.term"。如图 15.29 所示。

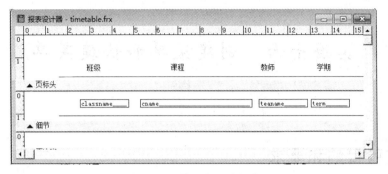

图 15.29 基于查询的报表

在页标头带区、细节带区分别添加一条横线。

(4) 预览报表,将报表保存为 timetable.frx。

[实验 15.6] 命令方式输出报表

操作步骤如下:

在命令窗口中输入命令:REPORT FORM stulist PREVIEW,即可在屏幕上预览报表。

四、思考与练习

1. 为什么需要设计报表?
2. 怎样为报表提供数据源?
3. 数据源表文件修改以后,运行原有的报表文件,结果会如何?
4. 报表包括哪几个基本组成部分?
5. 试将两个数据表 Teacher.dbf 和 Department.dbf 作为数据源建立一个报表文件。

实验十六　创建菜单和快捷菜单

一、实验目的和要求

1. 理解菜单在数据库应用系统中的作用,理清表单和菜单的区别与联系;
2. 掌握菜单设计器的使用方法;
3. 掌握条形菜单的建立、生成和调用的方法;
4. 掌握快捷菜单的建立、生成和调用的方法。

二、实验准备

VFP启动后,设置D:\vfpsy\sy16文件夹为默认实验目录。

三、实验内容与步骤

[实验16.1] 创建主菜单系统
操作步骤如下:
(1) 启动"菜单设计器"。
方法一:在"项目管理器"中创建菜单。
在"项目管理器"窗口中选择"其他"选项卡,选中其中的"菜单"类别,单击"新建"按钮,在弹出的"新建菜单"对话框中选择"菜单"选项,显示"菜单设计器"窗口。
方法二:菜单方式。
选择"文件"菜单中的"新建",在弹出的"新建"对话框中选中"菜单"选项,单击"新建文件"按钮。
方法三:命令方式:MODIFY MENU 菜单名
说明:菜单是用于"功能选择"的一种方便、友好的用户界面。上述三种方法皆可创建菜单,但只有方法一创建的菜单是包含在项目中的,本实验选择方法一。

(2) 在"菜单名称"列中逐行输入主菜单中各菜单项的标题及访问键,如图 16.1 所示。

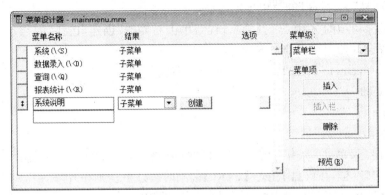

图 16.1　设置主菜单

给菜单项添加访问键,方法是在菜单名的后面用"\<"跟上一个字母,如:系统(\<S),将来就可以按下【Alt+S】来访问该菜单项。

(3) 定义"系统"菜单的子菜单。

a) 现在各菜单的"结果"栏中都是"子菜单",单击"系统"菜单右侧的"创建"按钮。

注意:此时右侧的"菜单级"下拉列表框中显示为"系统",表明当前正在编辑的是"系统"菜单的子菜单项。要想返回上一级主菜单,必须在"菜单级"列表框中选择"菜单栏"。

b) 为"系统"菜单添加两个子菜单项,菜单名称分别为"用户管理"、"退出"。

c) 添加菜单项之间的分组线。

选中"退出"菜单,单击"菜单设计器"右侧的"插入"按钮,即在"退出"菜单项前增加了一行"新菜单项",将该行的菜单名称改为"\-"。

(4) 在"结果"栏下的下拉列表框中选择"命令",如图 16.2 所示。

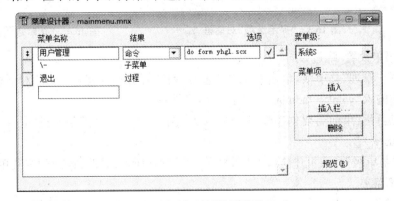

图 16.2　"系统"的子菜单

将"用户管理"菜单项的"结果"选择为"命令",单击右侧的文本框,输入命令:
Do Form yhgl.scx

(5) 为"结果"为"过程"的菜单项输入命令。

将"退出"菜单项的"结果"选择为"过程",单击右侧的"创建"按钮,即创建了一个过程,在弹出的过程设计器中输入如下内容:

```
set sysmenu to default        && 恢复系统菜单
close all
return
```

(6) 为菜单项添加快捷键。

选中"退出"菜单项,单击右侧的"选项"列,出现如图 16.3 所示的"提示选项"对话框。单击"键标签"文本框,在键盘上按住【CTRL】键同时按【E】键,则在"键标签"和"键说明"文本框中都出现【CTRL+E】字样,单击"确定"按钮,完成设置。

图 16.3 "提示选项"对话框

图 16.4 "菜单级"切换

(7) 为菜单设置"跳过"条件

选中"用户管理"菜单项,单击右侧的"选项"列,在图所示"提示选项"对话框中,在"跳过"文本框中输入"yhlb! ='admin'",单击"确定"按钮。

(说明:运行菜单前需要创建变量 yhlb 并为其赋一个字符型的值,方法是在命令窗口中输入:yhlb='user')

(8) 在"菜单级"列表框中选择"菜单栏"(如图 16.4 所示),即可返回到主菜单。

(9) 预览菜单

单击菜单设计器右下角的"预览"按钮,此时 VFP 窗口中的系统菜单即被所设计的菜单取代,但只是灰色状态。单击菜单可以展开子菜单,但不能执行菜单的功能。

单击"预览"对话框中的"确定"按钮,预览结束。

(10) 生成并运行菜单程序。

a) 保存菜单文件,名为 mainmenu.mnx。

b) 生成菜单程序文件。

选择系统菜单"菜单"的子菜单"生成",在弹出的"生成菜单"对话框中指定生成后的菜单程序文件的名称为 mainmenu.mpr,单击"生成"按钮,完成菜单的生成。

c) 运行菜单,查看运行结果。

方法一:在命令窗口中输入 Do mainmenu.mpr。

方法二:选择"程序"菜单中的"运行",在"运行"对话框中选择"mainmenu.mpr",单击"运行"按钮。

(说明:菜单运行后已覆盖系统菜单,若要恢复需要执行"系统"菜单中"退出"选项,或在命令窗口中执行命令:SET SYSMENU TO DEFAULT)

[实验 16.2] 将菜单加到顶层表单中

操作步骤如下:

(1) 将菜单修改为 SDI 菜单

打开菜单文件 mainmenu.mnx,选择"显示"菜单中的"常规选项",打开"常规选项"对话框,将"顶层表单"复选框选中。如图 16.5 所示。保存菜单,并重新生成菜单。

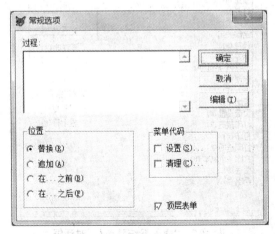

图 16.5 "常规选项"对话框

(2) 新建一表单,设置该表单的 ShowWindow 属性为"2-作为顶层表单"。

(3) 在表单的 Init(或 Load)事件中输入如下代码:

Do mainmenu.mpr With this,.T.

（4）保存表单为 main.scx 并运行，结果如图 16.6。

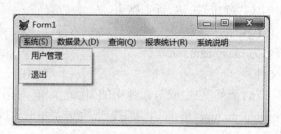

图 16.6 主菜单运行效果

[实验 16.3] 创建快捷菜单

操作步骤如下：

（1）启动"菜单设计器"。

在"项目管理器"窗口中选择"其他"选项卡，选中其中的"菜单"类别，单击"新建"按钮，在弹出的"新建菜单"对话框中选择"快捷菜单"选项，显示"快捷菜单设计器"。

"快捷菜单设计器"的使用与"菜单设计器"完全相同。

（2）单击"插入栏"按钮，出现"插入系统菜单栏"窗口，如图 16.7 所示。

图 16.7 "插入系统菜单栏"对话框

（3）选中"撤销(U)"，单击"插入"按钮，将"撤销(U)"菜单项插入到快捷菜单设计器中，按照同样的方法将"剪切(X)"、"复制(C)"及"粘贴(V)"3 个菜单项加入到快捷菜单设计器中。

（4）保存快捷菜单为 Rmenu.mnx，并生成菜单程序文件 Rmenu.mpr，方法与主菜单的保存与生成完全相同。

(5) 调用快捷菜单。

打开表单 Rmenu.scx，双击表单中的文本框，选择过程为 rightclick，在代码窗口中输入下列代码：DO Rmenu.MPR

(6) 保存并运行表单，右击文本框，查看运行情况，如图 16.8。

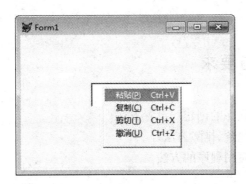

图 16.8　快捷菜单运行结果

四、思考与练习

1. Visual FoxPro 支持几种菜单？它们各有什么特点？

2. 怎样在表单中调用菜单？

3. 在"快捷菜单设计器"中对 Rmenu.mnx 菜单进行修改，删除"撤销"菜单项，保存菜单，再运行 Rmenu.scx 表单文件，菜单的修改有没有反映到表单中？为什么？如果没有，应如何使菜单的运行与最新的菜单设计保持一致？

实验十七　应用系统的开发

一、实验目的与要求

1. 掌握应用系统主程序的创建和设置方法；
2. 掌握项目文件的包含、排除方法；
3. 掌握连编可执行应用程序的方法。

二、实验准备

VFP 启动后，设置 D:\vfpsy\sy17 文件夹为默认实验目录。

三、实验内容与步骤

[实验 17.1] 完善主菜单程序

mainmenu.mnx 菜单文件中已经创建了菜单的基本框架，请按照表 17-1 的内容完善菜单。

表 17-1　mainmenu.mnx 菜单结构

菜单名称	结果	选项
系统用户	子菜单	
用户管理	命令	Do form admin.scx
\-		
用户浏览	命令	Clear Events
基本数据管理	子菜单	

(续表)

菜单名称	结果	选项
院系信息管理	命令	Do form department_form.scx
班级信息管理	命令	Do form class_form.scx
课程信息管理	命令	Do form course_form.scx
教师管理	子菜单	
教师信息维护	子菜单	
基本信息维护	命令	Do form teacher_form.scx
任课信息维护	命令	Do form instructor_form.scx
教师信息查询	命令	Do form teacher_query.scx
教师信息打印	命令	Do form teacher_report_set.scx
学生管理	子菜单	
学生信息维护	命令	Do form student_form.scx
学生信息查询		
学生基本信息查询	命令	Do form teacher_query.scx
学生所在班级查询	命令	Do form class_student_form.scx
课程开设情况查询	命令	Do form class_instructor_form.scx
学生信息打印	命令	Doform student_report.scx
成绩管理	子菜单	
成绩录入	命令	Do form sscore_entry_form.scx
成绩查询	子菜单	
按学生查询	命令	do form student_sscore_query.scx
按班级查询	命令	do form class_sscore_form.scx
成绩打印	命令	Do form student_sscore.scx
退出系统	命令	Clear events

[实验 17.2] 创建主程序

操作步骤如下：

(1) 在项目管理器的"代码"选项卡中选中类别"程序"，单击"新建"按钮，打开程序编辑窗口，添加如下代码(&& 后面的内容为注释内容,首字母为*的行是注释行)：

```
*应用系统主控程序
Clear All                              && 释放内存变量
Close All                              && 关闭所有打开的数据库、表、索引等文件
Set Talk Off                           && 关闭命令结果显示
Set Default To Sys(5)+Sys(2003)        && 设置当前驱动器和目录为默认工作目录
Set Path To Sys(5)+Sys(2003)+"\"       && 设置当前驱动器和目录为文件搜索路径
Do Formadmin_login.scx                 && 打开登录界面
Read Events                            && 建立事件控制循环
Clear All                              && 释放内存变量
Close All                              && 关闭所有打开的数据库、表、索引等文件
Set Talk On                            && 打开命令结果显示
Quit                                   && 退出应用系统,返回操作系统
```

说明：在启动系统后的用户界面中必须有结束事件循环控制的命令 Clear Events。本例中是在系统主菜单 mainmenu.mpr 中的"退出"命令中包含该命令。以保证挂起 Visual FoxPro 的事件处理过程,并将运行控制权返回到调用执行 Read Events 命令的主控程序中。

（2）将该程序文件保存为 main_prog.prg。

[实验17.3] 连编应用系统

操作步骤如下：

（1）执行"项目"菜单中的"清理项目"命令,可以对项目进行清理,使得项目中的所有文件处于正常检索状态,不会因出现文件找不到的错误而使连编发生错误。

（2）设置主文件

在项目管理器中选中要设置为主文件的程序文件 main_prog.prg,选择"项目"菜单中的"设置主文件"命令；或者右击文件,在弹出的快捷菜单（如图 17.1 所示）中选择"设置主文件"命令。

（3）文件的排除与包含设置

Visual FoxPro 系统将一个项目编译成一个应用系统程序时,会将项目中包含的所有文件组合成一个统一的应用系统程序文件。在应用系统程序运行过程中,有些文件不允许修改,而有些文件又需要修改,因此要设置文件的排除或包含。被排除的文件在系统运行时可以修改,被包含的则不能修改。设置方法如下：

在项目管理器中选择"其他"选项卡,展开"文本文件"类别,选中 pic.txt 文件。在"项目"菜单或快捷菜单（如图 17.2 所示）中选择"排除"或者"包含"命令,即可将文件设置为"排除"或者"包含"状态。被排除的文件前用带斜线的圆圈标注,如设置为包含状态,则无任何标注。

实验十七　应用系统的开发

图 17.1　设置主文件

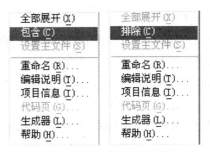

图 17.2　"包含"与"排除"

（4）设置项目信息

选择菜单"项目"→"项目信息"命令，可以在"项目信息"对话框（如图 17.3 所示）中设置开发者的姓名、单位，工作目录，是否加密，附加图标等一些基本信息。

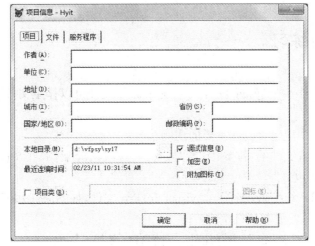

图 17.3　"项目信息"对话框

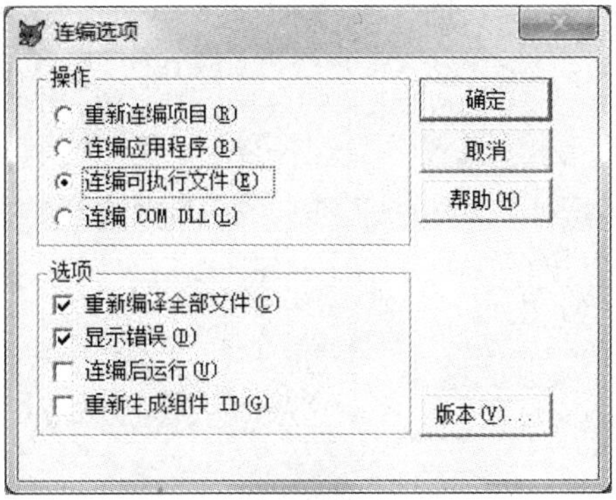

图 17.4　"连编选项"对话框

(5) 连编项目

单击项目管理器窗口右侧的"连编"按钮，打开"连编选项"对话框(如图17.4所示)。按图进行设置，单击"确定"按钮，在弹出的"另存为"对话框中输入应用程序文件名 hyit.exe，单击"保存"按钮，开始连编项目。如果连编成功，可以在默认目录中看到连编所得到的扩展名为.exe的可执行应用程序文件。

(6) 关闭 Visual FoxPro 界面，在资源管理器中双击执行应用程序文件 hyit.exe，看是否能正常运行。

(7) 在应用程序所在的文件夹中新建一个文件，名为 config.fpw。该文件可用文本文件创建，但注意其文件扩展名应为".fpw"，而不是一般文本文件的".txt"。最好在资源管理器中设置文件扩展名为可见。该文件中只有一条语句：Screen=Off，其作用是在应用程序运行时，不打开 Visual Foxpro 的背景窗口。

四、思考与练习

1. 什么是主文件？在 Visual FoxPro 系统中那些文件可以作主文件？一般用什么文件作主文件为好？

2. 在主控程序中应包含哪些主要的功能？

3. 为什么要设置文件的"排除"或者"包含"？一般情况下，哪些文件应设置为"排除"，哪些文件应设置为"包含"？

4. 开发的应用系统中若用到了非 Visual FoxPro 文件，如图像、图标等，怎样让它们成为应用系统的组成部分？放在什么位置？

5. 连编生成的应用系统程序有几种？它们有何差异？

参考文献

[1] 单启成.新编 Visual Foxpro 教程[M].苏州:苏州大学出版社,2003.
[2] 崔建忠.新编 Visual Foxpro 实验指导书[M].苏州:苏州大学出版社,2005.
[3] 鲁俊生.VFP 程序设计简明教程[M].西安:西安电子科技大学出版社,2001.
[4] 郑阿奇.Visual FoxPro 实用教程(第 2 版)[M].北京:电子工业出版社,2004.
[5] 祝胜林.数据库原理与应用(VFP)(第 2 版).广州:华南理工大学出版社,2014.
[6] 江苏省高等学校计算机等级考试中心.二级考试试卷汇编·VFP 分册[M].苏州:苏州大学出版社.
[7] 赵文东,王留洋,俞扬信.Visual FoxPro 程序设计实验指导书[M].南京:南京大学出版社,2011.